U0179433

　　本书系研究阐释党的十九届六中全会精神国家社科基金重大项目"党的十八大以来推动数字经济高质量发展的实践和经验研究"（22ZDA041）阶段性成果。

　　本书研究出版受到清华中国电子数据治理工程研究院委托项目"数据要素论研究"的支持。

数据要素论

The Theory of Data

戎　珂　陆志鹏◎著

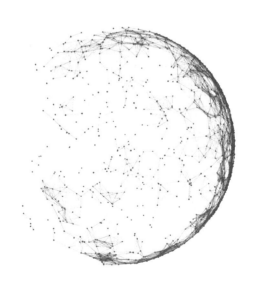

人民出版社

序　一

两个重大的历史潮流正在考验着经历了 40 多年快速发展的中国，其一是世界正在经历百年未有之大变局，其二是人类正在经历自工业革命之后最重要的一场以数字经济为基础的、涉及社会政治经济文化方方面面的重大变革。实现第二个百年奋斗目标，我们必须抓住数字经济革命这一重大历史机遇。

数字经济革命从经济学角度来讲有两个重要特征：其一，它改造了传统的生产方式，让很多生产和分配环节更加高效，例如电商、网约车、共享单车；其二，由于数字经济的出现，许多市场主体生产和交换变为了数据或信息，例如游戏、视频、借款人风险分析。人类社会事实上已经出现了从第三产业衍生出来的第四产业，即信息或数据服务业。初步匡算，第四产业在中国经济的比重已经高达10%。

这两大特征催生出了一个新的经济现象，即数据成为了一种关键的生产要素，与传统意义上的资本、劳动力、土地、技术等生产要素相比具有显著差异。

数据要素的经济学本质是什么？数据要素将如何服务中国经济高质量发展？这既是一个重要的理论课题，也是一个重大的国家发展战略课题。

本书的两位作者在数字经济，尤其是数据要素方面，既具备深厚的学术理论功底，又具有丰富的来自一线实践的智慧。戎珂教授是清华大学经济学领域具有国际影响力的青年领军学者，在国内外接受了系统的经济学训练，具备深厚的经济学理论功底，他近年来专注于数字经济的研究，已经在国际国内发表了许多重要的文章，具有广泛的国际学术影响力。另一位作者陆志鹏先生是电子工程专业本科和硕士科班出身，之后又攻读了管理科学的博士学位，长期以来担任地方党政主要领导，在数字城市和产业数字化方面做了大量工作，成绩显著。担任中国电子信息产业集团副总经理以来，带领集团内部企业技术骨干，联合清华大学多个学院开展跨学科研究，形成了《数据安全与数据要素化工程方案》，得到学界、政府和产业界的高度认可，在一些地方试点也取得初步成效，为研究数据要素积累了丰富经验。陆志鹏博士融汇电子工程技术、经济管理理论以及一线实践，实为难能可贵！两位作者的合作是技术、理论、实践深入融汇的典范。

数据要素是一个极为特殊的经济学研究课题，其特殊性在于，当前对该课题的理论研究和实践创新是同步进行的。传统的经济学研究中很少有这种理论与实践齐头并进、相互促进的研究课题。这样的课题由学术界年轻的领军学者和在数据要素创新方面不断探索的一线企业领导者来共同完成是再合适不过的，具有开创性意义。

本书从不同类型生产要素的比较出发，分析了数据要素的规律及特殊性。据此提出了数据要素市场化的路径，讨论了包括数据产权归属、定价机制和市场监管在内的许多重要问题。本书还特别结合中国电子集团在数字经济领域的最新实践，系统分析了数据要素的未来发展前景。这些分析不仅在国内处于理论和实践的前沿，在国际上也是领先的。在世界百年未有之大变局的背景下，数字经济成为了改变全球竞争格局的关键力量，中、美等主要国家都在围绕数字经济和数据要素进行探索，中国在这方面已经形成了自己的独特理论和实践优势，本书就是中国在该领域深入探索的典范。

近年来，我个人主要的研究方向是政府与市场经济学。政府与市场经济学和数字经济研究的关系极为密切。政府与市场经济学认为，政府是在现代市场经济中一个极为重要的直接参与者，这在数字经济、数据要素领域也同样适用，因为政府自身不仅是数据的重要使用者，也是许多关键数据的生产者，更是数据市场的管理者。为了更好地促进中国数字经济的发展，我的观点是必须认真研究相关政府部门的行为和激励，因为政府的行为会直接影响数字经济的表现。为此，必须要建立一套机制，激励的同时也约束政府行为，目的是更好的培育与监管数字经济的发展，从而让政府的作用与市场的作用同向发力。

最近一个时期以来，我国围绕规范平台经济发展出台了很多新举措，也进行了很多探索。我的观点是对于数字经济包括数据要素的治理要以发展为首要目标，在发展中解决监管问题，我在不同的场合一直建议国家成立"数字经济发展与监管委员会"，考核该机构的指标就是它是否做到了培育好、发展好数字经济，该机构监管的目标是为了促进数字经济的健康发展，这远比依靠已有的监管传统经济的市场监管机构治理数字经济更为有效，靠现有市场监管机构发展数字经济好比靠铁路警察解决春运运力不足的难题。

《数据要素论》是一本系统性分析数据要素的重要学术论著，对于数字经济的理论和实践发展具有重要的推动性作用。在此热烈祝贺两位作者，也向企业界、学术界和政策制定部门隆重推荐《数据要素论》！

李稻葵

2022 年 5 月

序 二

改革开放 40 多年来，社会主义市场经济体制不断完善，极大促进了生产力发展，极大增强了国家的生机活力。开启中国改革新征程，必须进一步创新改革推进方式，这其中，要素市场化配置是关键性、基础性的重大改革任务，也是市场化改革成败的关键。随着数字经济时代到来，数据已经成为重要战略资源和关键生产要素。2017 年 12 月 8 日，中共中央政治局就实施国家大数据战略进行第二次集体学习，习近平总书记强调"要构建以数据为关键要素的数字经济"。2020 年《中共中央 国务院关于构建更加完善的要素市场化配置体制机制的意见》提出"加快培育数据要素市场"。数据要素市场化配置改革是我国"十四五"时期的一次重要探索和试验，也是我国新时期全面深化改革的重要内容，关系国家发展大局。

清华大学的戎珂教授和中国电子信息产业集团的陆志鹏副总经理长期深耕数字经济和数据治理，是该领域研究的前沿代表。其中，戎珂教授长期关注数字经济和数据生态研究，主持了国家社会科学基金重大项目"党的十八大以来推动数字经济高质量发展的实践和经验研究"，发表了系列理论研究成果，在数字经济、数据市场监管、数据生态等领域具有深刻见地，其所在单位清华大学社会科学学院经济学研究所也是中国研究数字经济和数据要素的前沿阵地，主办有国际学术期刊 *Journal of Digital Economy*。陆志鹏副总经理深耕数据要素市场建设、数据治理，领衔的团队开展了四川德阳全国首个城市数据治理工程，并将陆续启动与广东、贵州、武汉、济南、南通、大理等 20

余个省市的试点洽谈工作，积累了大量实践探索经验，其所在单位中国电子信息产业集团也是中国开展数据治理工程的领军企业。两位重量级作者的合著《数据要素论》在我国开启"十四五"改革新征程之际正式出版，具有十分重要的理论意义、实践意义和时代意义。

实现要素市场化配置的实质是要突破阻碍要素自由流动的体制机制障碍，实现资源配置方式的优化和创新。在数据要素市场化配置方面，要加快建立数据资源产权、交易流通、跨境传输和安全保护等基础制度和标准规范，推进政府数据开放共享，提升社会数据资源价值，加快数据资源整合和安全保护。《数据要素论》围绕数字经济的关键生产要素——数据展开全面、深入、系统的研究，除绪论外，全书按照"规律总结—市场化建设—战略制定"的逻辑，分为上中下三篇共九章，论题涉及数据的属性特征、数据市场化规律、数据市场构建、数据市场监管、数据要素与"三新一高"发展、数据要素与共同富裕、数据国际化与全球治理等，研究结论对如何实现上述要求提供了理论指导。

2021 年 7 月 1 日，习近平总书记在庆祝中国共产党成立 100 周年大会上的讲话中强调，"改革开放是决定当代中国命运的关键一招，也是决定实现'两个一百年'奋斗目标、实现中华民族伟大复兴的关键一招"。在全世界拥抱数字文明到来之际，《数据要素论》为读者揭开了数据的神秘面纱，为学术界研究生产要素理论提供了新的视角，为企业开展数据相关交易、生产和应用等提供了理论依据，为各级政府深化要素市场化配置体制机制改革提供了有益借鉴。希望以这部著作正式出版为契机，鼓励更多学者和专家参与到数字经济和数据要素的研究中，共同为深化数据要素市场化改革和做大做强做优我国数字经济作出更大贡献。

彭 森

2022 年 7 月

目　录

绪　论………………………………………………………………………001

上篇
数据要素与传统四种生产要素的比较研究

第一章　生产要素的历史演进 ……………………………………007
　　第一节　基于经济形态更迭的生产要素历史演进 …………007
　　第二节　生产要素历史演进的一般规律 ……………………016

第二章　数据要素与传统四种生产要素的属性特征比较 ………025
　　第一节　生产要素的三种形态和两类属性 …………………025
　　第二节　生产要素的自然属性比较 …………………………029
　　第三节　生产要素的市场属性比较 …………………………034
　　第四节　小结 …………………………………………………042

第三章　生产要素市场化的一般规律 ……………………………044
　　第一节　传统四种生产要素的市场化演进路径 ……………044
　　第二节　生产要素市场化的演进规律 ………………………049
　　第三节　生产要素市场化规律对数据要素市场化的启示 …054

中篇
数据要素市场化研究

第四章 推动数据要素市场化的路径探索与现实问题 …………… 071
    第一节 国家和地方政府关于数据要素市场化的路径探索 …… 071
    第二节 平台企业关于数据要素市场化的实践探索 ………… 078
    第三节 数据要素市场化面临的现实问题 ………………… 088
    第四节 小结 …………………………………………………… 100

第五章 推动数据要素市场化建设的可行路径与顶层设计 ………… 101
    第一节 培育数据生态 ………………………………………… 101
    第二节 构建数据要素市场化的"三位一体"支撑架构 …… 107
    第三节 小结 …………………………………………………… 110

第六章 构建安全高效的数据市场体系 ……………………………… 112
    第一节 数据确权授权 ………………………………………… 112
    第二节 数据要素定价模式 …………………………………… 130
    第三节 数据市场交易体系 …………………………………… 137
    第四节 数据市场监管 ………………………………………… 148

下篇
大国复兴的数据战略

第七章 数据要素与"三新一高"发展 …………………………… 153
    第一节 立足新发展阶段，数据要素成为新引擎 …………… 154
    第二节 贯彻新发展理念，健全数据要素市场体系 ………… 155

第三节　构建新发展格局，数据要素促进双循环…………………162

第四节　促进高质量发展，完善数据治理顶层设计……………164

第八章　数据要素与共同富裕……………………………………169

第一节　数据要素的经济贡献……………………………………169

第二节　数据要素的社会贡献……………………………………181

第三节　实现共同富裕的数据要素收入分配机制……………189

第九章　数据国际化与全球治理…………………………………195

第一节　中国参与数据国际化竞争和治理的畅想………………195

第二节　创建 WDO 的"三步走"建议……………………………199

绪　论

　　经济学研究的是一个社会如何利用稀缺的资源生产有价值的商品，并将它们在不同的个体之间进行分配①。严格来说，资源是自然界和人类社会中一切可被人类开发和利用的物质、能量和信息的总称，如土地资源、矿产资源、森林资源、海洋资源、石油资源、人力资源、信息资源、数据资源等。然而，资源仅仅具有创造财富的潜质，只有当它投入生产才能真正创造财富。生产要素是指生产过程中所投入的资源，包括土地、劳动力、资本、管理、知识、技术和数据等。因此，只有当资源转化为生产要素之后才能真正创造财富。基于这一逻辑可以看出，生产要素是人类经济社会活动的基本，它在经济学研究领域具有基础性地位。

　　随着数字经济不断发展，数据作为一种"新型石油资源"价值逐渐凸显。2017 年，习近平总书记主持中共中央政治局第二次集体学习时指出"要构建以数据为关键要素的数字经济"；2019 年 10 月，党的十九届四中全会首次将数据确立为生产要素；2020 年 4 月，《中共中央　国务院关于构建更加完善的要素市场化配置体制机制的意见》提出要加快培育数据要素市场，并在次年 12 月 21 日颁布的《要素市场化配置综合改革试点总体方案》中提出建立健全数据流通交易规则；2021年 12 月，国务院发布的《"十四五"数字经济发展规划》进一步指出，

---

① [美] 保罗·萨缪尔森、威廉·诺德豪斯：《经济学》（第十九版），商务印书馆 2012 年版，第 4—5 页。

数据要素是数字经济深化发展的核心引擎，要到 2025 年初步建立数据要素市场体系，到 2035 年力争形成统一公平、竞争有序、成熟完备的数字经济现代市场体系。2022 年 6 月 22 日，习近平总书记主持中央全面深化改革委员会第二十六次会议，审议通过《关于构建数据基础制度更好发挥数据要素作用的意见》，并指出数据正深刻改变着生产、生活和社会治理方式，强调数据基础制度事关国家发展和安全大局，要加快构建数据基础制度体系。

本书聚焦数据要素的市场化和大国复兴的数据战略等问题，按照"规律总结—市场化建设—战略制定"的逻辑，分为上中下三篇共九章展开。

上篇包括第一章至第三章，主要内容是将数据要素与传统四种生产要素进行跨历史、跨要素、跨形态的比较研究，并基于传统四种生产要

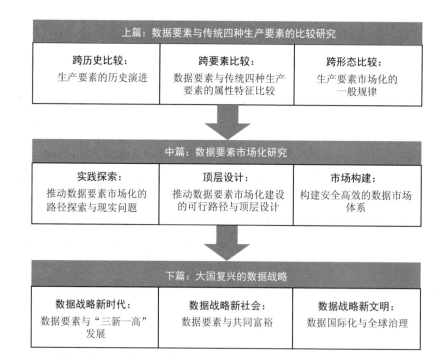

图 0-1　全书结构

素的市场化一般规律和数据要素的独特属性，归纳出数据要素市场化必须遵循的规律。研究表明，数据要素需要经历三阶段形态转变和三阶段定价才能实现市场化配置。

中篇包括第四章至第六章，主要内容是基于上篇结论，并结合数据要素市场化建设的政府和企业实践归纳出数据要素市场化面临的现实问题，进而提出数据要素市场化建设的具体路径。其中，在顶层设计方面提出培育数据生态和包括制度、技术、市场的"三位一体"架构；在构建安全高效的数据市场体系中提出基于场景的分类分级数据授权制度、多层次多样化的数据交易市场，以及分级分类分层的数据治理体系。

下篇包括第七章至第九章，主要从"三新一高"、共同富裕、国际化与全球治理三个维度研究数据要素的大国复兴战略。其中，第七章论述了数据要素对于立足新发展阶段、贯彻新发展理念、构建新发展格局、推进经济高质量发展的重要意义；第八章主要从数据要素对经济和社会的贡献论述数据要素的价值倍增机制，并提出实现共同富裕的数据要素收入分配机制；第九章聚焦数据要素跨境流动和国际化治理，提出促进数据国际化的"中国方案"和"三步走"战略步骤安排。

需要说明的是，根据《中共中央关于坚持和完善中国特色社会主义制度　推进国家治理体系和治理能力现代化若干重大问题的决定》(2019) 和《中共中央　国务院关于构建更加完善的要素市场化配置体制机制的意见》(2020) 关于生产要素在收入分配制度中确立的地位，本书首先将土地、劳动力、资本、知识、技术、管理、数据七大生产要素视为重要生产要素，然后考虑到知识和管理一般附着于劳动者，且要素报酬一般从劳动力和技术要素的收入分配中获得，因而将知识和管理两大要素内化到劳动力和技术要素中。因此，本书讨论的生产要素限定为土地、劳动力、资本、技术、数据五大生产要素。此外，根据定义，当产品作为投入品再次进入生产环节时，该产品也可以被称为生产要素。因此，生产要素的来源既可以是资源，也可以是产品，主要依据是看该资源或产品是否投入生产环节并创造财富。根据研究需要，本书将在第二章至第六章研究生产要素相关问题时特别对资源、生产要素、产品作区分，并认为资源和产品是生产要素的资源形态和产品形态，而在其他部分研究时不作形态区分。

表 0-1　资源、生产要素、产品概念辨析

概念	定义	辨析
资源	一切可被人类开发和利用的物质、能量和信息的总称	自然界和人类社会中一种可以用以创造财富的具有一定量的积累的客观存在形态，可以是有形的也可以是无形的
生产要素	生产过程中所投入的资源，包括土地、劳动力、资本、企业家才能、技术和数据，本书研究主要聚焦具有核心地位的五种生产要素。其他生产要素大多以资本的形式替代	农业经济时代是土地、劳动力、农业技术；工业经济时代是土地、劳动力、资本、工业技术；数字经济时代是土地、劳动力、资本、数据、数字技术
产品	生产过程中所产出的物品或劳务	产品可能也是另一个生产过程中的生产要素，如作为投入品的机器设备等不变资本也曾经是被生产出来的产品

上篇
数据要素与传统
四种生产要素的比较研究

2019 年 10 月，党的十九届四中全会首次将数据确立为生产要素，成为与土地、劳动力、资本、技术等生产要素相并列的第五大生产要素。2020 年 4 月颁布的《中共中央 国务院关于构建更加完善的要素市场化配置体制机制的意见》，进一步确立了数据要素与传统四种生产要素的配置方式。数据要素与传统四种生产要素同为最基本的生产要素，有必要进行跨历史、跨要素、跨形态的比较研究。上篇内容共分为三部分，首先，通过对传统四种生产要素的历史演进规律和市场化规律总结生产要素市场化的一般规律；其次，基于数据要素与传统四种生产要素的属性特征比较提炼出数据要素的独特属性；最后，结合生产要素市场化的一般规律和数据要素的独特属性推演出数据要素市场化的一般规律。

第一章　生产要素的历史演进

以史为鉴，可以知兴替。本章从经济史的视角，基于经济形态更迭分析生产要素的历史演进，归纳出生产要素历史演进的一般规律，研判未来发展趋势。

第一节　基于经济形态更迭的生产要素历史演进

学术界关于人类经济形态的历史更迭有多种划分方法，主要集中在哲学和马克思主义研究领域、社会学领域、经济学领域。

一是在哲学和马克思主义研究领域，将经济制度和经济体制看作社会经济形态的具体形式或发展形式①，即经济形态与社会形态紧密联系，形成了社会形态理论。社会形态理论的研究学者又根据不同视角，分为"五形态"论与"三形态"论两种主要观点。其中，"五形态"论是马克思主义唯物史观的一个基本观点，指的是人类社会由原始社会、奴隶社会、封建社会、资本主义社会，经过社会主义社会的过渡而达到共产主义社会的五种社会形态演变发展的一般规律②；"三形态"论则以人的发展状况为标准，将人类社会分为自然经济社会（人的依赖性）、商

---

① 颜鹏飞、贺静：《关于马克思社会经济发展基本形态理论》，《当代经济研究》2008 年第 7 期。

② 中共辽宁省委讲师团：《马克思主义哲学学习纲要》，辽宁人民出版社 1986 年版。

品经济社会（物的依赖性）和产品经济社会（个人全面发展）三种社会形态①。从经济形态划分方法论上，马克思认为"各种经济时代的区别，不在于生产什么，而在于怎样生产，用什么劳动资料生产"②。

二是在社会学领域，根据人与自然的关系，将经济社会形态划分为狩猎与采集经济时代、农业经济时代、工业经济时代、信息经济时代、生物经济时代五种经济形态③。

三是在经济学领域，基于"生产力与生产关系的矛盾运动是人类社会不断发展的根本动力"的论断，认为生产力的变化首先表现在技术进步上，生产力的发展带来生产关系的变革，从而形成新的经济形态。根据这个理论，一般将经济形态划分为原始经济、农业经济、工业经济、数字经济四种经济形态④，或者基于微观的视角，将工业经济之后的新经济形态概括为共享经济、零工经济、平台经济、生态经济等更具体的形态⑤。

为便于划分不同经济形态的标志节点，本书遵循"技术—规则—经济"的演进范式，以技术变革作为经济形态更迭的标志，将人类经济形态的历史演进划分为原始经济、农业经济、工业经济、数字经济四种经济形态，这与马克思的划分方法一脉相承。对现代文明而言，由于原始经济几乎不复存在，因此，本书重点考察后三种经济形态演变。伴随着农业经济、工业经济、数字经济三种经济形态延续发展，人类生产力不断提升，最具标志性的改变有三个方面：一是新产业、新分工、新市

① 谭星：《"五形态"论与"三形态"说论争辨析》，《史学理论研究》2021 年第 4 期。
② 《马克思恩格斯全集》第 44 卷，人民出版社 2001 年版，第 210 页。
③ 邓心安、张应禄：《经济时代的演进及生物经济法则初探》，《浙江大学学报（人文社会科学版）》2010 年第 2 期。
④ 龚晓莺、杨柔：《数字经济发展的理论逻辑与现实路径研究》，《当代经济研究》2021 年第 1 期。
⑤ 李海舰、李燕：《对经济新形态的认识：微观经济的视角》，《中国工业经济》2020 年第 12 期。

场、新模式、新财富不断涌现；二是科学技术不断涌现；三是核心资源、关键生产要素以及主导经济生产和财富分配的力量发生改变。由于经济时代是一种经济形态发展到成熟阶段后，以这种经济形态为主导形成的人类经济社会发展的特定历史时期[①]，因此对发展成熟阶段经济形态的定义就是对经济时代的定义。本书遵循马克思对经济形态的划分方法论，兼顾对经济时代的理解需求，采用"生产方式—劳动对象—经济产出"的范式对不同经济时代进行定义。

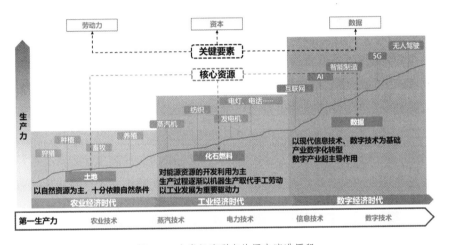

图 1-1　人类经济形态的历史演进历程

资料来源：整理自 "Digital Economy Report（2019）-Value Creation and Capture Implications for Develop"[②]、亿欧智库。

一、农业经济时代

学术界关于农业经济时代的定义尚没有统一观点，大多数研究都是基于农业经济的生产方式、劳动对象、产业结构、产品结构等维度对农

---

① 邓心安、张应禄：《经济时代的演进及生物经济法则初探》，《浙江大学学报（人文社会科学版）》2010 年第 2 期。

② UNCTAD, *Digital Economy Report*（*2019*）*-Value Creation and Capture: Implications for Develop*, https://unctad.org/webflyer/digital-economy-report-2019.

业经济形态的特征进行描述。根据前述标准，将农业经济时代定义为：以手工劳动为主要生产方式，以开发利用自然资源为主要劳动对象，以农产品为主要经济产出的经济时代。

农业经济时代的产业类型主要有农产品种植业、畜牧业、渔业等，对自然条件十分依赖。例如，农产品种植业一般分布在湿润和半湿润的平原和盆地，对土壤、降水、气温等都有一定要求，且不同种类农作物还存在较大差别；畜牧业一般分布在大面积的干旱、半干旱气候区，对自然条件的要求与种植业大不相同；而渔业则对水域环境条件的要求比较高，且由于不同养殖对象的生态习性相差较大，对水域环境条件的要求也相差较大。

农业经济时代的开启以农业技术的诞生，并通过一组"农业技术群"推动生产力和生产关系变革为标志。在农业经济时代，生产要素主要由土地和劳动力构成，例如英国古典政治经济学创始人威廉·配第（William Petty）提出的二要素论。由于农业经济时代的生产方式主要以开发利用土地为主，因此可以认为农业经济时代的核心资源是土地。在假定技术不变的前提下，由于土地面积在短期内保持不变，财富的积累主要依靠劳动力数量的增多来实现，因此可以认为农业经济时代的关键生产要素是劳动力。从长期来看，随着农业技术的进步，土地和劳动力的质量都将发生改变，进而极大释放要素价值。这种由于技术进步带来的财富增加远超过劳动力数量的增多带来的财富效应，因此农业技术是农业经济时代的第一生产力。

总体来看，在农业经济时代，劳动力主要集中于农业生产，农业产品价格较高，人类的生产活动主要用于满足生存需求。由于生产力和科技水平较低，人类难以转移出剩余劳动力来从事科学研究，导致人们的意识和观念往往受宗教或封建君主等力量掌控，人对土地的依赖性极强[1]。因而，在农业经济时代，主导经济生产和财富分配的力量往往

---

[1] 凌云志：《法权嬗变：从农业经济时代到新经济时代》，《江海学刊》2016 年第 3 期。

是掌控大量土地的封建地主阶层，他们通过对土地的绝对掌控间接实现对劳动力的掌控，即通过对核心资源的掌控实现对关键生产要素的掌控，从而主导经济生产和财富分配。

二、工业经济时代

与农业经济时代的定义相同，学术界关于工业经济时代的定义也没有统一观点。根据前述标准，将工业经济时代定义为：以机器生产逐渐取代手工劳动，以开发利用能源资源为主，以工业产品为主要经济产出的经济时代。

工业经济时代的产业类型主要有农业、工业（包括采矿业，制造业，电力、热力、燃气及水生产和供应业，建筑业等）和服务业（包括与工业生产相关的生产性服务业和与消费相关的消费性服务业等）。其中，工业和服务业占主体地位，农业在经济结构中的地位和在经济产值中的占比都较低。相对农业经济时代而言，工业经济时代的交通运输业和通信服务业快速发展，占据主体地位的工业和服务业对自然条件的依赖性较低，但由于对生产效率的追求和对生产成本的控制，世界上的工业和服务业大多都在沿海、沿江的平原地区聚集发展，形成规模经济，并衍生出都市圈、城市群，因而对区位条件有一定的要求。正如海权理论创始人阿尔弗雷德·塞耶·马汉（Alfred Thayer Mahan）所言，"谁控制了海洋，谁就控制了世界"。

工业经济时代的开启以工业技术的诞生，并通过一组"工业技术群"推动生产力和生产关系变革为标志，至今已经历了三次工业技术革命，分别是：18世纪六七十年代以蒸汽技术的发明和使用为主要标志的第一次工业革命，19世纪70年代以电力技术的发明和使用为主要标志的第二次工业革命，以及20世纪50年代以微电子技术的发明和使用为主要标志的第三次工业革命。

随着产业类型增多，生产方式日益复杂，工业经济时代的生产要素出现了"多要素"论,如工业社会初期萨伊提出的劳动力＋土地＋资本的"三要素"论,工业社会后期马歇尔提出的劳动力＋土地＋资本＋组织管理的"四要素"论,党的十九届四中全会则将知识、信息、技术等纳入生产要素范畴,提出"七要素"论。遵循农业经济时代的分析逻辑,由于工业经济时代的生产方式主要以开发利用能源资源为主,因此工业经济时代的核心资源是能源资源。在假定技术不变的前提下,由于工业经济发展受土地面积约束较小,财富的积累主要依靠劳动力和资本数量的增多来实现。但随着多次工业技术革命的推进,资本对财富积累的作用日益显著,这主要是因为资本在掌控能源资源方面发挥了决定性作用,因此工业经济时代的关键生产要素是资本[①]。从长期来看,随着工业技术的进步,土地和劳动力的质量都将进一步提升,新生产技术、新工艺流程、新分工模式、新市场结构都会不断涌现,且由于工业技术带来的要素价值增值远大于农业技术,因此工业技术取代农业技术成为工业经济时代的第一生产力。正如马克思在《共产党宣言》中所说,"资产阶级在它的不到一百年的阶级统治中所创造的生产力,比过去一切世代创造的全部生产力还要多,还要大"[②]。

总体来看,在工业经济时代,劳动力主要集中于工业生产,农业产量逐渐提高,农产品价格逐渐降低,人类的生存问题基本得到解决,生产的主要目的是获得更好的生活条件。由于生产力和科技水平逐步提升,从农业和工业转移出来的剩余劳动力逐渐增多,大多数投入到附加值更高的服务业,如思想文化研究和科学研究等,导致封建式的人身依附关系逐渐被打破[③],民主和科学成为价值主流,土地也不再是掌控劳动力的要素。在工业经济时代,由于资本对掌控核心资源和促进经济发

---

① 虽然在经济学界,舒尔茨认为人力资本是关键生产要素,罗默提出技术是经济增长的关键生产要素,诺斯等认为制度才是关键生产要素,但基于本书研究逻辑,认为资本是关键生产要素。

② 《马克思恩格斯选集》第1卷,人民出版社1995年版,第277页。

③ 凌云志:《法权嬗变:从农业经济时代到新经济时代》,《江海学刊》2016年第3期。

展具有巨大作用，因而主导经济生产和财富分配的力量往往是掌控大量资本的资产阶层，他们通过对资本的绝对掌控间接掌控能源资源。与农业经济时代的逻辑不同，工业经济时代的资产阶层是通过对关键生产要素的掌控实现对核心资源的掌控，从而主导经济生产和财富分配。

三、数字经济时代

"数字经济"一词最早出现于20世纪90年代中期[①]，在"数字经济"诞生之初，主要关注的是互联网对商业行为所带来的影响[②]。2002年，美国学者金范秀（Beomsoo Kim）首次将数字经济定义为一种特殊的经济形态，认为数字经济的本质是以信息化形式进行商品和服务交易[③]。2017年，世界经济合作与发展组织（OECD）在 Digital Economy Outlook 2017 中将数字经济定义为由物联网、云计算等新技术推动的经济社会数字化转型活动[④]。美国商务部经济分析局（BEA）则基本沿用了OECD的定义[⑤]。当前，国际社会尚未对数字经济的定义达成共识，但最被广泛接受的是2016年9月二十国集团领导人杭州峰会通过的《二十国集团数字经济发展与合作倡议》提出的定义：数字经济是指以使用数字化的知识和信息作为关键生产要素、以现代信息网络作为重要载体、

① UNCTAD, *Digital Economy Report* (2019)-*Value Creation and Capture: Implications for Develop*, https://unctad.org/webflyer/digital-economy-report-2019.

② Tapscott D., *The Digital Economy: Promise and Peril in the Age of Networked Intelligence*, New York: McGraw-Hill, 1996.

③ Beomsoo Kim, Anitesh Barua, Andrew B. Whinston, Virtual Field Experiments for a Digital Economy: A new Research Methodology for Exploring an Information Economy, *Decision Support Systems*, Vol.32, No.3, 2002.

④ OECD, *Digital Economy Outlook 2017*, https://www.oecd.org/sti/oecd-digital-economy-outlook-2017-9789264276284-en.htm.

⑤ 向书坚、吴文君：《OECD 数字经济核算研究最新动态及其启示》，《统计研究》2018 年第 12 期。

以信息通信技术的有效使用作为效率提升和经济结构优化的重要推动力的一系列经济活动。2021年5月27日国家统计局颁布实施的《数字经济及其核心产业统计分类（2021）》正式将数字经济定义为：以数据资源作为关键生产要素、以现代信息网络作为重要载体、以信息通信技术的有效使用作为效率提升和经济结构优化的重要推动力的一系列经济活动。2021年12月12日，国务院颁布的《"十四五"数字经济发展规划》基本沿用了上述定义，明确数字经济是继农业经济、工业经济之后的主要经济形态，是以数据资源为关键要素，以现代信息网络为主要载体，以信息通信技术融合应用、全要素数字化转型为重要推动力，促进公平与效率更加统一的新经济形态。本书借鉴相关研究，延续农业经济时代、工业经济时代的定义范式，将数字经济时代定义为以数字化生产为主要生产方式，以开发利用数据资源为主，以数据产品和服务为主要经济产出的经济时代。

数字经济时代的产业类型除了仍然保留的农业、工业和服务业之外，还会衍生出数字新产业。其中，传统形态的农业、工业和服务业在经济结构中的地位和在经济产值中的比重会逐渐降低，数字新产业以及被数字技术赋能的新工业和新服务业在经济结构中的地位和在经济产值中的比重会逐渐提升，如大数据产业、云计算产业、车联网产业、金融科技产业等。相对工业经济时代而言，数字服务产业飞速发展，可以依靠平台企业和空中下载技术（Over-the-Air Technology，OTA）等远程管理和服务技术为用户提供服务，因此数字经济时代的工业和服务业不再必须依靠产业的地理集中来实现规模经济，还可以通过数字经济的网络效应来实现规模经济。可见，数字经济时代的经济生产对自然条件和区位条件的依赖将进一步降低，或许在不久的将来，海权理论也将逐渐失效。

数字经济时代的开启以20世纪90年代互联网的普及为标志。此后，数字技术不断发展，推动生产力和生产关系新一轮变革。在数字经济快速发展的近30年历程中，数字技术不断进步和涌现，AI、5G、物联网、区块链、大数据、云计算等应用到社会生产经营领域，出现了互联网经济、共享经济、零工经济、平台经济、生态经济等系列形态，推动了智能制造等生产方式和无人驾驶等生活方式的变革。值得一提的是，在 20 世纪陆续出现的信息技术相对当前的数字技术而言，其对经济的影响尚未具备颠覆性，只是提质增效的助手工具，因此二者具有本质区别。

在数字经济时代，由于生产方式主要以开发利用数据为主，因此数字经济时代的核心资源是数据资源。同样，在假定技术不变的前提下，数字经济发展受土地、劳动力、资本数量的影响较小，受数据数量和数据质量的影响较大，特别是由于数据不同于传统的四种生产要素，它具有多维属性特征，应用的场景越丰富，其价值就越能充分释放，因此数字经济时代的关键生产要素是数据。从长期来看，随着数字技术的进步，不仅土地、劳动力的质量将得到提升，数据的数量和质量也都将得到极大的升级，新生产技术、新工艺流程、新分工模式、新市场结构也会不断涌现，且由于数字技术带来的要素价值增值远大于农业技术和工业技术，因此数字技术取代工业技术成为数字经济时代的第一生产力。此外，由于数据要素不仅可以依靠自身的数量增加和质量提升来实现财富积累，还可以通过大数据的运算来优化和升级数据模型，推动数字技术进步，进而赋能其他生产要素。因此，数据可以被看作数字经济时代的第一生产要素。

总体来看，在数字经济时代，劳动力将主要集中于数字新生产，农业和工业产量逐渐提高，农产品和工业品价格逐渐降低，人类受有形的物质力量约束强度降低，人类生产的主要目的是获得满足感和幸福感。由于生产力和科技水平进一步提升，从传统产业转移出来的剩余劳动力进一步增多，资本已经难以成为约束劳动力的因素，而是和劳动力一起跟随科技发展的方向流动。因而，主导经济生产和财富分配的力量转变为掌控大量数据的科技公司，他们通过对数据的绝对掌控间接掌控其他要素和资源。与农业经济时代和工业经济时代的逻辑不同，数字经济时代的科技公司通过掌控数据要素，不仅可以间接掌控其他生产要素和资源，还能获得推进数字技术进步的先决条件，具有强于地主阶层和资本阶层的能力，从而成为主导经济生产和财富分配的新力量。

第二节　生产要素历史演进的一般规律

一、基于经济形态更迭的生产要素历史演进规律

从经济形态更迭的历程来看，人类先后经历农业经济时代、工业经济时代、数字经济时代，表面上看是产业结构、核心资源、关键要素以及技术形态的不断改变，但实际上推动经济形态更迭的力量是人类生产力的不断进步，具体而言，是经济增长生产函数的变革。

在不同经济时代，生产要素发挥的作用差别较大，因而关于生产函数的讨论差异也较大。一般而言，生产函数可以采用 $Y=F(X_1, X_2, ..., X_n)$ 表示，其中，X_1，X_2，...，X_n 表示生产要素的投入种类，具体表达式根据不同理论和研究对象设定。常见的生产函数有固定替代比例生产函数、固定投入比例生产函数（即里昂惕夫生产函数）、柯布－道格拉斯生产函数等，其中，学术界最常采用的是柯布－道格拉斯生产函数，为便于分析和理解，本节也以该函数形式为例展开论述，并根据不同经济时代经济发展特征分别纳入土地、劳动力、资本、数据、技术等生产要素，分别采用 N、L、K、D、T 表示[①]。随着生产函数的改变，经济形态中的产业结构、要素形态和地位等也发生改变（见表1-1）。

---

① 由于土地要素往往包含了附着在土地上的自然资源，因此一般采用 N（Nature）表示，例如马尔萨斯经济增长模型的表达式即为 $Y=F(L, N)$。

表 1-1　基于经济形态更迭的生产要素历史演进规律 [1]

经济时代	农业经济时代	工业经济时代	数字经济时代
生产函数	$Y=F(N, L)$ $=A \cdot N^{\alpha}L^{\beta}$	$Y=F(L, K)$ $=A \cdot L^{\alpha}K^{\beta}$	$Y=F(L, K, D)=A \cdot L^{\alpha}K^{\beta}D^{\gamma}$，或 $Y=F(L, K, D)=A \cdot L^{\alpha}G(K, D)^{\beta}$，或 $Y=\overline{F}(L, K, D)=\overline{A} \cdot L^{\alpha}K^{\beta}D^{\gamma}$，其中$\overline{A}=H(T, \overline{D})$，或 $Y=\overline{F}(L, K, D)=\overline{A} \cdot L^{\alpha}G(K, D)^{\beta}$，其中$\overline{A}=H(T, \overline{D})$
产业结构	农业	工业、服务业、农业	数字新产业、服务业、工业、农业
核心资源	土地	能源资源	数据
关键要素	L	K	D
第一生产力	农业技术	蒸汽技术、电力技术、信息技术	数字技术
要素积累	L 增长	L 增长，K 增加	L 增长，K 增加，D 增长 + 迭代
要素升级	L 农业技能提升 T 进步 + 赋能	L 农业、工业、服务业技能提升 T 进步 + 赋能	L 农业、工业、服务业、数字新产业技能提升 T 进步 + 赋能、D 赋能

在农业经济时代，由于推动经济增长的生产要素主要是土地、劳动力以及农业技术，因此生产函数可设定为 $Y=F(N, L)=A \cdot N^{\alpha}L^{\beta}$。其中，$\alpha$，$\beta$ 分别表示 N，L 的产出弹性系数，反映了产出对不同生产要素的需求状况和不同生产要素在生产中的重要性，计算公式是某一生产要素变化率除以产出变化率。并且，对 α，β 而言，若 $\alpha+\beta>1$，表

[1]　在经济学研究中，一般将生产函数设定为一定技术条件下投入与产出之间的关系，因此技术不纳入生产函数，而技术的变动则意味着生产函数的改变，因此被归为效率函数（A）的一部分来处理。

示该生产函数为规模报酬递增型，即在保持现有技术水平不变的前提下，通过扩大要素投入来提高生产规模，进而增加产出是有利的；若 α+β=1，表示该生产函数为规模报酬不变型，即在保持现有技术水平不变的前提下，通过扩大要素投入来提高生产规模不能提高生产效率；若 α+β＜1，表示该生产函数为规模报酬递减型，即在保持现有技术水平不变的前提下，通过扩大要素投入来提高生产规模是得不偿失的。

　　农业经济时代的产业结构以农业为主，经济增长主要依赖要素积累和升级。关于农业经济时代的要素积累，一般以马尔萨斯经济增长模型为代表，认为要素的积累主要指土地和劳动力[①]。这种观点主要基于部门生产函数提出，但从整个农业经济时代的角度考察，地球上的土地面积总量相对固定，随着时代发展，土地很早就已经被人类开发完毕，制约着农业经济缓慢发展的因素早已不再是土地的数量问题，而主要体现在经济体人口的多寡和技术高低。因此，本书认为要素积累主要指劳动力数量的增长。关于要素升级，主要指劳动力的农业技能提升以及农业技术的进步和对其他生产要素的赋能。因此，在技术水平不变的条件下，农业经济时代的经济增长主要依靠增加劳动力数量来实现。然而，历史经验表明，无限地增加劳动力数量并不能保证农业经济的持续增长，因为经济增长还受其他因素约束，如劳动力本身的成本，作为农业经济时代核心资源的土地资源量，以及劳动力与其他要素的组合效用等。实际上，根据柯布－道格拉斯生产函数设定，只有当土地和劳动力要素的产出弹性系数之和 α+β＞1 时，即土地和劳动力短缺时，通过增加土地或劳动力投入来扩大生产规模的决策才是有利的，而当 α+β≤1 时，即土地和劳动力饱和或者过剩时，同样的决策并不有利。由此可见，农业经济时代经济增长受约束较强，再加上农业经济时代财富积累较慢，劳动分工较粗，投入到研究与发明的劳动力较少，进而导

[①]　蔡昉：《万物理论：以马尔萨斯为源头的人口—经济关系理论》，《经济思想史学刊》2021 年第 2 期。

致农业技术的进步相对缓慢且不确定，因此农业经济时代的经济增长可持续性较弱。

到工业经济时代，由于土地的数量已经相对固定，一般被作为资本类生产函数纳入生产函数，推动经济增长的生产要素主要是劳动力、资本以及工业技术，因此生产函数可设定为 $Y=F(L, K)=A \cdot L^{\alpha}K^{\beta}$。工业经济时代的产业结构以工业、服务业、农业为主，且工业和服务业在经济中的占比较高，农业占比较低。工业经济时代的关键生产要素是资本，经济增长的要素积累主要指劳动力数量的增长和资本量增加，要素升级主要指劳动力的工业、服务业、农业技能提升，以及工业、农业技术的进步和对其他生产要素的赋能。因此，在技术水平不变的条件下，工业经济时代的经济增长主要依靠增加劳动力数量和资本量来实现。与农业经济时代相似，无限的增加劳动力数量和资本量并不能保证经济的持续增长，只有当 $\alpha+\beta>1$ 时，通过增加劳动力和资本的投入量来扩大生产规模的决策才是有利的。由此可见，工业经济时代经济增长受约束仍然较强，但与农业经济时代相比约束较弱。一方面，是因为工业经济时代的核心资源不再是面积相对恒定的土地资源，而是可供开发相对充裕的能源资源；另一方面，是因为资本相对劳动力而言使用成本更低、积累更快、流通和周转效率更高、利用方式更便捷。此外，随着生产力的提升和产业结构多元化发展，劳动分工更加精细化，工业经济时代有能力将一部分资本和劳动力投入研究与发明，进而持续推动工业、农业技术的进步。因此，工业经济时代的经济增长虽然也存在许多约束，但相对农业经济时代而言技术进步较快，经济增长可持续性较强。

到数字经济时代，数据成为新的生产要素，生产函数转化为 $Y=F(L, K, D)$，但关于生产函数的具体表达式尚未确定。目前，主要有以下两种思路构建生产函数。第一种思路认为数据与劳动力和资本要素一样，可以直接加入工业经济时代的生产函数中，但有两种加入方式：一是将数据要素与劳动力和资本要素的作用等同看待，且三种要素为相互独立关系，可直接在原生产函数中加入数据要素，函数形式为 $Y=F(L, K, D)=A \cdot L^{\alpha}K^{\beta}D^{\gamma}$，这意味着当数据要素投入为零时，经济产出也为零；二是数据要素与资本要素呈互补或替代关系，如李晓东（2022）认为数据无法独立于技术系统和设备平台而存在，数据本身就是技术系统和平台运行的结果，且其全生命周期都依附于技术系统和平台[1]；戚聿东和刘欢欢（2020）认为独立的数据无法创造价值，必须与脑力结合，形成"数据—信息—知识"的价值创造过程[2]。这种情形下的生产函数形式为 $Y=F(L, K, D)=A \cdot L^{\alpha} \cdot G(K, D)^{\beta}$，其中 $G(K, D)=(\mu K^{\gamma}+D^{\gamma})^{1/\gamma}$，或者 $Y=F(L, K, D)=A \cdot G(L, D)^{\alpha} \cdot K^{\beta}$，其中 $G(L, D)=(\mu L^{\gamma}+D^{\gamma})^{1/\gamma}$。这意味着当数据要素投入为零时，经济产出会受影响，但不至于为零。第二种思路认为数据要素与劳动力和资本要素不一样，它不仅可以直接加入工业经济时代的生产函数中，还可以像技术一样赋能其他生产要素。例如，方太坤和胡莹（2022）认为以数据要素为基础的数字技术对经济发展具有放大、叠加和倍增作用，能有效驱动各种生产要素快速流动、科学整合和充分利用，提高全要素生产率[3]；陈晓红等（2022）构建的数字经济理论体系认为数据要素和数字技术发展对产业发展、资源优化、创新迭代等都具有重要影响[4]；戚聿东和褚席（2021）持同样的观点[5]，并倡导建立数字经济学一级学科体系，使之

① 李晓东：《数据的产权配置与实现路径》，人民论坛网，2022 年 1 月 24 日，见 http://www.rmlt.com.cn/2022/0124/638502.shtml。

② 戚聿东、刘欢欢：《数字经济下数据的生产要素属性及其市场化配置机制研究》，《经济纵横》2020 年第 11 期。

③ 方太坤、胡莹：《扎实推动数字经济高质量发展》，中国社会科学网，2022 年 2 月 9 日，见 http://www.cssn.cn/zx/bwyc/202202/t20220209_5391851.shtml。

④ 陈晓红、李杨扬、宋丽洁、汪阳洁：《数字经济理论体系与研究展望》，《管理世界》2022 年第 2 期。

⑤ 戚聿东、褚席：《数字经济推动经济增长的理论机理及现实意义》，腾讯研究院，2021 年 12 月 16 日，见 https://xw.qq.com/partner/vivoscreen/20211216A09Q8J/20211216A09Q8J00。

与理论经济学和应用经济学处并列地位 [①]。更具体的研究还表明，数据可以通过提升想法或知识的质量 [②] 来赋能研发设计，促进创新 [③]。同样，基于这一思路，数据也有两种方式加入生产函数，分别为 $Y=\bar{F}(L, K, D)=\bar{A} \cdot L^{\alpha}K^{\beta}D^{\gamma}$，其中 $\bar{A}=H(T, \bar{D})$，以及 $Y=\bar{F}(L, K, D)=\bar{A} \cdot L^{\alpha} \cdot G(K, D)^{\beta}$，其中 $\bar{A}=H(T, \bar{D})$，$G(K, D)=(\mu K^{\gamma}+D^{\gamma})^{1/\gamma}$。由于数据具有多维属性，且随着数据积累和应用，数据可以优化模型算法，提高数字技术水平，因此本书更倾向于第二种思路建立生产函数模型。

数字经济时代的产业结构尚未成熟，OECD 将数字经济的产业类型大体划分为数字化商品、数字化服务、信息和数据三类；美国 BEA 根据数字经济产品与服务将数字经济产业划分为三类：一是数字基础设施，如计算机硬件、软件、电信设备和服务等；二是使用数字系统开展的数字交易，如 B2B、B2C 等电子商务交易；三是数字经济用户创建和访问的内容，如直接销售数字媒体、免费数字媒体和大数据等。2021年 5 月 27 日，国家统计局颁布实施的《数字经济及其核心产业统计分类（2021）》基于"数字产业化"和"产业数字化"两个维度将数字经济的产业类型划分为数字产品制造业、数字产品服务业、数字技术应用业、数字要素驱动业、数字化效率提升业等 5 大类。综合上述权威研究，本书认为数字经济时代的产业结构应该是在工业经济时代基础上的叠加和升级，故认为数字经济时代的产业以数字新产业、工业、服务业、农业为主，且数字新产业以及由数字技术赋能的新工业和新服务业在经济中的占比较高，传统工业、服务业、农业占比较低。数字经济时代的关键生产要素是数据，基于上述分析，数字经济时代经济增长的要素积累除了劳动力数量的增长和资本量增加外，还有数据要素的增加和

① 戚聿东、褚席：《数字经济学学科体系的构建》，《改革》2021 年第 12 期。

② Jones, C.I., Tonetti C., Nonrivalry and the Economics of Data, *American Economics Review*, Vol. 110, No.9, 2020.

③ Agrawal A., McHale J., Oettl A., Finding Needles in Haystacks: Artificial Intelligence and Recombinant Growth, *NBER Working Paper*, No. 24541, 2018.

迭代。同样，要素升级除了劳动力的工业、服务业、农业技能提升，以及工业、农业技术的进步和对其他生产要素的赋能外，还有劳动力的数字新产业技能提升，以及数字技术的进步和数据要素对其他生产要素的赋能。因此，在技术水平不变的条件下，数字经济时代的经济增长主要依靠增加劳动力数量、资本量、数据要素量来实现，且当 $\alpha+\beta+\gamma>1$ 时[1]，可以通过增加劳动力、资本、数据的投入量来扩大生产规模，进而促进经济增长；当 $\alpha+\beta+\gamma\leqslant1$ 时，通过增加劳动力和资本的投入量来扩大生产规模，进而促进经济增长的策略已经失效，而继续增加数据要素的投入则有可能促进数字技术进步，提高生产效率。由此可见，数字经济时代经济增长受约束更弱，究其原因，既是由于数字经济时代的核心资源和第一生产要素是数据，而数据具有完全不同于传统生产要素的特性[2]，而且还因为数据可以通过迭代形成新的数据，以及可以通过数字孪生形成新的"土地资源"，如元宇宙等。此外，数字经济时代的技术进步将进一步加快，经济增长的可持续性进一步增强。

二、生产要素对历史时代更迭的影响

基于上述分析，本质上是由于生产要素的积累和升级机制不同，导致不同时代的技术进步和财富积累速度也不相同，进而导致时代更迭的规律也不相同。而不同经济时代的生产函数则体现了生产要素对历史时代更迭的影响机制。总体来看，生产要素对历史时代更迭的影响逻辑是：首先通过研究和发明率先掌握新技术；然后依靠新技术挖掘并利用新要素，继而形成新产业、新分工、新市场、新模式；最后释放新动能、实现新发展，积累新财富，并推动下一轮技术进步，由此形成历史

---

[1] 当数据要素与资本要素呈互补或替代关系时公式应为 $\alpha+\beta>1$，此处为简洁表达不再展开论述，下同。

[2] 关于数据的特性将在本书第二章详细论述，此处不做赘述。

时代的更迭。

比较三个经济时代，由于农业经济时代生产要素的积累和升级受约束较强，技术进步和财富积累速度较慢，因此土地资源丰富，且人口持续稳定增长的国家或民族就能引领世界发展。因此，在农业经济时代，中华民族长期处于世界领先水平。到工业经济时代，由于生产要素的积累和升级受约束减弱，技术进步和财富积累速度较快，因此资本丰富且能率先掌握工业技术的文明就能引领世界。因此，在工业经济时代，率先积累资本和发生工业革命的国家或民族就能引领世界发展，并且由于工业经济时代的技术种类更多、进步周期更短，难以再像农业经济时代那样出现一个长期保持世界领先的国家或民族，而是会先后出现多个国家或民族引领世界发展。经过近两百年的历史洗礼，工业经济时代先后出现了"日不落时代"和"美国优先时代"。同理，到数字经济时代，率先积累数据要素和发生数字技术革命的国家或民族就能引领世界发展。但必须要注意的是，随着技术进步和财富积累速度进一步加快，一个国家或民族想要在数字经济时代长期保持世界领先将越来越难，必须不断加大科技创新力度才有机会勇立时代潮头。

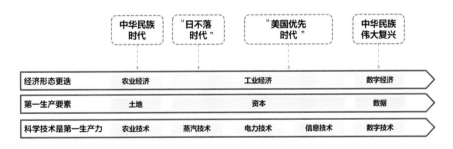

图 1-2　历史时代、经济形态、要素地位的历史演进规律

对中华民族而言，一百多年来，党领导全国各族人民进行了伟大奋斗，虽然期间也历经曲折，但最终把中华民族从一个半殖民地半封建的农业社会建设成一个世界工业化大国，特别是改革开放以来，中国用几十年时间走完了发达国家几百年走过的工业化历程。当前，我国已经开

启实现第二个百年奋斗目标的新征程，正朝着实现中华民族伟大复兴的宏伟目标继续前进。但是，随着工业经济不断发展，我国生产函数正在发生变化，经济发展的要素条件、组合方式、配置效率发生改变，面临的硬约束明显增多，资源环境的约束越来越接近上限，碳达峰碳中和成为我国中长期发展的重要框架，传统依赖高投入、高耗能、高污染、低效益的发展模式已经难以持续。此外，以美国为首的西方工业强国不断对我国实施关键技术"卡脖子"战略，过去采用的"市场换技术"和"模仿创新"战略也已经难以为继。在此背景下，拥抱数字经济时代，率先掌握数据要素和持续实施数字技术革命对实现第二个百年奋斗目标和中华民族伟大复兴具有重要意义。

第二章 数据要素与传统四种生产要素的属性特征比较

作为数字经济时代的新要素，数据要素与土地、劳动力、资本和技术等传统四种生产要素相比，其属性既有相似之处，也有显著的差异，并且还具有一些独特的属性。考虑到要素属性对要素的市场化配置有着重要的影响，本章将数据要素与传统四种生产要素的属性进行归纳和比较，从而为数据要素市场化提供启示。

第一节 生产要素的三种形态和两类属性

在比较数据要素与传统生产要素的属性之前，本节介绍了分析生产要素属性的一种新框架。生产要素的形态可以分为资源形态、要素形态和产品形态三种，而生产要素的属性可以分为自然属性和市场属性两类。通过对数据要素形态和属性的分类，我们可以更深入和细致地认识数据要素与传统要素的区别，为数据要素市场化提供更丰富的结论和启示。

一、研究评述

数据生产要素的产生、交易和使用贯穿数字经济发展的全部环节[1]，而

---

[1] 李海舰、赵丽：《数据成为生产要素：特征、机制与价值形态演进》，《上海经济研究》2021年第8期。

对要素属性的研究是理解新要素的基础。现有文献已经对数据要素的多种属性进行了丰富的讨论，包括数据要素的非竞争性[1]、部分排他性[2][3][4]、虚拟性[5]、外部性[6]、流动性[7]、非消耗性[8]、非均质性[9]、高敏感性[10]、边际报酬递减[11][12]、规模报酬递增[13][14]等。其中，数据要

[1] Jones C. I., Tonetti C., Nonrivalry and the Economics of Data, *American Economic Review*, Vol. 110, 9, 2020.

[2] 魏江、刘嘉玲、刘洋：《数字经济学：内涵、理论基础与重要研究议题》，《科技进步与对策》2021 年第 21 期。

[3] 田杰棠、刘露瑶：《交易模式、权利界定与数据要素市场培育》，《改革》2020 年第 7 期。

[4] Gaessler F., Wagner S., Patents, Data Exclusivity, and the Development of New Drugs, *The Review of Economics and Statistics*, 2019.

[5] 徐翔、厉克奥博、田晓轩：《数据生产要素研究进展》，《经济学动态》2021 年第 4 期。

[6] 徐翔、厉克奥博、田晓轩：《数据生产要素研究进展》，《经济学动态》2021 年第 4 期。

[7] 郭威、杨弘业：《以数据要素红利推动实体经济高质量发展》，《学习时报》2020 年 5 月 29 日。

[8] 田杰棠、刘露瑶：《交易模式、权利界定与数据要素市场培育》，《改革》2020 年第 7 期。

[9] 田杰棠、刘露瑶：《交易模式、权利界定与数据要素市场培育》，《改革》2020 年第 7 期。

[10] Acquisti A., Taylor C., Wagman L., The Economics of Privacy, *Journal of Economic Literature*, Vol. 54, No.2, 2016.

[11] 荣健欣、王大中：《前沿经济理论视野下的数据要素研究进展》，《南方经济》2021 年第 11 期。

[12] 徐翔、厉克奥博、田晓轩：《数据生产要素研究进展》，《经济学动态》2021 年第 4 期。

[13] 荣健欣、王大中：《前沿经济理论视野下的数据要素研究进展》，《南方经济》2021 年第 11 期。

[14] 徐翔、厉克奥博、田晓轩：《数据生产要素研究进展》，《经济学动态》2021 年第 4 期。

素的排他性与边际报酬存在一定的争议。这些讨论有益于加深对数据要素的认识，后文也会对它们进行详细的介绍和辨析。

然而，现有研究没有关注到两个重要的问题：首先，数据要素的形态多样，既有零散的、各种形态的数据资源，也有可直接面向生产的标准化数据，还有各种各样的数据产品。在不同的要素形态下，数据要素的属性可能会有明显的差异，不可一概而论。其次，生产要素的一些属性可能会随社会经济体制的变化而变化，而另一些属性则不会随之变化。对要素属性的分类讨论有助于我们更准确地理解数据要素市场化面临的挑战和要求。因此，对数据要素乃至传统要素的属性需要进一步地分形态、分类讨论，比较这些要素的三种形态（资源形态、要素形态和产品形态）下两类属性的差异。

二、生产要素的三种形态和两类属性

生产要素最直观的特征就是要素的形态。生产要素往往可以由两种方式转化而来：第一种方式是资源的要素化，把作为潜在生产要素的资源（生产资料）与劳动者结合并投入生产过程，使之成为真正的、现实的生产要素。生产资料与劳动者在彼此分离的情况下，只在可能性上是生产要素，凡是要进行生产，就必须将它们结合起来 [1][2]。第二种方式则是把已经生产出来的产品投入再生产过程中，也可使之成为生产要素。因此，生产要素一般存在着三种形态：资源形态、要素形态和产品形态。陆志鹏（2021）称之为要素的初始形态、中间形态和最终形态 [3]。生产要素在与劳动者结合并投入生产之前，还处于资源形态，它们只是潜在的而非现实的生产要素；当生产要素与劳动者结合并投入生

---

[1]　《马克思恩格斯全集》第 24 卷，人民出版社 1972 年版。

[2]　刘同山、韩国莹：《要素盘活：乡村振兴的内在要求》，《华南师范大学学报》（社会科学版）2021 年第 5 期。

[3]　陆志鹏：《数据要素市场化实现路径的思考》，《中国发展观察》2021 年第 14 期。

产时，它们处于要素形态；当生产要素是某一生产过程的产品时，它们
处于产品形态，处于产品形态的要素可以投入再生产。

　　通过一些例子可以帮助读者理解生产要素的三种形态。在我国，土
地的资源形态可以是尚未转让用益权的土地，它的所有权和用益权都归
国家和集体；生产要素形态可以是已经出让了土地用益权的地块，可以
由企业进一步开发利用；产品形态可以是商品房或厂房，能够进入市场
流通，还可能投入再生产过程①。劳动力的资源形态可以是适龄劳动人
口，他们拥有就业权，但不一定接受过足够的教育和培训，可能还不具
备从事特定劳动的能力；要素形态可以是受过足够教育和培训的适龄劳
动人口，凭借学历和技能证书、经验等标准化或非标准化的证明，他们
的劳动能力得到市场的认同②；产品形态可以是正在创造价值的劳动力
商品——通过签订劳务合同，劳动者将劳动力的使用权出卖给用人方，
在掌握了特定岗位的工作技能后，能够通过劳动创造价值③。资本的资
源形态可以是货币资源，例如现金和银行存款等，它们来自不同的个
体，被金融机构所筹集；要素形态可以是金融产品，它们由金融机构所
包装，能够为企业提供资金支持；产品形态是企业的资金或资产，企业
在取得资金后能够添置生产资料和制造产品，通过市场交易获得资金或
资产，它们可以投入到企业的再生产过程之中。技术的资源形态是科技
资源，例如尚未被专利化的发明创造；要素形态可以是专利化的科技成
果等；产品形态可以是科技产品和科技服务。在数字经济时代，数据资
源可以是在计算机中存储的信息，它表现为二进制字符串的形式④⑤，

---

①　陆志鹏：《数据要素市场化实现路径的思考》，《中国发展观察》2021 年第 14 期。

②　陆志鹏：《数据要素市场化实现路径的思考》，《中国发展观察》2021 年第 14 期。

③　陆志鹏：《数据要素市场化实现路径的思考》，《中国发展观察》2021 年第 14 期。

④　Farboodi, Veldkamp, A Growth Model of the Data Economy, *NBER Working Paper*, No. 28427, 2020.

⑤　蔡跃洲、马文君：《数据要素对高质量发展影响与数据流动制约》，《数量经济技术经济研究》2021 年第 3 期。

例如电网公司采集的企业用电数据。数据的要素形态可以是经过标准化并投入生产的数据，例如电力负荷统计表[①]。数据的产品形态可以是数据产品和服务，例如企业用电高峰预警方案，又例如国内某互联网平台企业基于大数据为某快餐企业提供新门店的选址服务。

生产要素的属性可以分为自然属性和市场属性两类。自然属性是生产要素的物理特征，它不会随经济体制变化而改变。市场属性体现了生产要素的经济社会特征，可能会随经济体制变化而改变。具体而言，生产要素的自然属性包括虚拟性（实体性）、稳定性、流动性、消耗性和均质性等，市场属性包括排他性、竞争性、外部性、安全性、敏感性等。后文将会据此分类讨论。

第二节 生产要素的自然属性比较

本节从要素形态特征、稳定性、流动性、消耗性、均质性等方面来比较生产要素的自然属性。

一、形态特征

在形态特征方面，三种形态下土地和劳动力都是实体性的生产要素。资本则是虚实兼有，既有固定资产、纸质货币等实体形态，也有虚拟货币、金融产品等虚拟形态。技术要素也是虚实兼有的，在资源形态下，未被专利化的发明创造是虚拟性的；在要素形态下，专利或者科技成果是虚拟性的；在产品形态下，科技产品和服务既可能是虚拟性的，也可能是实体性的。与这些传统生产要素不同的是，数据要素

---

① 中国信通院：《数据价值化与数据要素市场发展报告（2021 年）》，中国信通院网站，见 http://www.caict.ac.cn/kxyj/qwfb/ztbg/202105/t20210527_378042.htm。

的三种形态都是虚拟性的。数据要素的虚拟性是其与传统要素的关键差异之一，而数字经济的一个重要特征也是对数据等虚拟生产要素的依赖①。虚拟性的数据要素仍然需要与劳动力和技术等其他生产要素结合，从而发挥其对经济增长的价值②。

二、稳定性

借鉴控制理论对于稳定性的定义，要素的稳定性是指要素的形态在受到外界扰动后恢复到原来状态的能力③。作为实体要素，土地和劳动力的稳定性较强，在三种形态下均能维持其形态的相对稳定。而资本的稳定性较弱，很容易通过市场交易在货币、金融产品和固定资产等不同形态之间转换。技术要素的稳定性因形态而异：在资源形态下，发明创造等科技资源可能过时或发生较大改变，稳定性较弱；在要素形态下，用于生产的技术会发生许多改进乃至变革，稳定性较弱；在产品形态下，科技产品的稳定性较强，而科技服务的稳定性较弱，总体上稳定性一般。在资源形态下，数据的稳定性弱——零散的数据在收集、整合、加工、处理过程中，内容和存储的地点随时都可能会发生变化；在要素形态下，数据尽管经过了标准化，但仍然较容易被人为改变，稳定性较弱；在产品形态下，数据经过了生产过程，形态得到进一步稳固，稳定性相较要素形态有所提高，达到一般水平。

---

① 徐翔、厉克奥博、田晓轩：《数据生产要素研究进展》，《经济学动态》2021 年第 4 期。

② Jones C. I., Tonetti C., Nonrivalry and the Economics of Data, *American Economic Review*, Vol. 110, No. 9, 2020.

③ 张嗣瀛、高立群：《现代控制理论》，清华大学出版社 2006 年版。

三、流动性

要素的流动性是指要素在物理空间上发生迁移或在经济主体间发生转移的能力。在要素的流动性方面，土地在物理空间上无法转移，但是资源和产品形态下土地的使用权可以流转；劳动者尽管可以在空间上迁移，还可以选择更换雇主，但他们的选择往往是有限的，并且很有可能在一家企业工作较长时间，因此劳动力的流动性相对较弱。不同形态下的资本，流动性有显著区别：货币资源以及金融产品的流动性强，而固定资产流动性较弱。技术要素的流动性较强，三种形态均能实现流动，例如，专利授权、科技成果转让、技术外溢等。数据要素的流动性最强，它的流动性高于传统的生产要素[1][2]。在采集、分享、交易的过程中，数据的易复制性使其三种形态均很容易在不同电子设备和不同经济主体间流动[3][4]。

四、消耗性

要素的消耗性是指要素在使用过程中数量减少或质量发生下降的性质。在要素的消耗性方面，土地要素的消耗性较强，在资源和要素形态下，土壤肥力下降和土地的污染都会导致其损耗；在产品形态下，厂房和商品房也会发生折旧；劳动力的消耗性也较强，因为掌握劳动技能和从事生产活动都会消耗劳动者的大量体力和精力。由于货币和金融产品

---

[1] 郭威、杨弘业：《以数据要素红利推动实体经济高质量发展》，《学习时报》2020年5月29日。

[2] 田杰棠、刘露瑶：《交易模式、权利界定与数据要素市场培育》，《改革》2020年第7期。

[3] 谷业凯：《充分激发数据要素价值》，《江苏经济报》2020年10月29日。

[4] 蔡跃洲、马文君：《数据要素对高质量发展影响与数据流动制约》，《数量经济技术经济研究》2021年第3期。

对于同一个人而言是无法复用的，固定资产也是有折旧的，资本的三种形态的消耗性都很强。技术的资源形态和要素形态——发明创造、专利和科技成果没有消耗性，但科技产品有着较强的消耗性。在现有研究中，数据要素被认为是非消耗性的[1][2]，即数据可以被重复使用而数量不会减少，这被视为数据要素与传统要素的重要差异。然而，在对生产要素的三种形态进行区分后，可以发现这一论断并非总是成立。数据要素的非消耗性更多地适用于资源形态和要素形态，而数据产品形态的消耗性可能较强，因为一些数据产品的使用次数有限制，想要复用需要再次购买。

五、均质性

要素的均质性是指要素的个体之间差异较小乃至无差异。在要素的均质性方面，土地的资源形态和要素形态均质性较强，同类土地的用途相似，差异可能是不显著的；但产品形态的商品房或厂房之间有较大差异，具有非均质性。劳动力一般是非均质性的，因为不同行业的劳动者要求掌握的技能是截然不同的，劳动者需要受到的教育和培训存在较大差异。资本的均质性因形态而异，货币资源具有均质性，因为相同的一元钱货币的价值也是等同的，而金融产品和固定资产具有非均质性。技术的三种形态都具有非均质性，科技资源之间、专利之间和科技产品之间都有较大差异。数据要素的三种形态都具有很强的非均质性，特别是在资源和要素形态下，一单位数据与另一单位数据的内容和价值往往是完全不同的，有的数据是有用信息，而有的数据只是垃圾信息[3]。

---

① 张麒：《数据纳入生产要素范畴的深意》，《四川日报》2020 年 4 月 23 日。
② 田杰棠、刘露瑶：《交易模式、权利界定与数据要素市场培育》，《改革》2020 年第 7 期。
③ 田杰棠、刘露瑶：《交易模式、权利界定与数据要素市场培育》，《改革》2020 年第 7 期。

表 2-1 生产要素的自然属性比较

生产要素	自然属性	资源形态	要素形态	产品形态
土地	形态示例	土地资源	出让地块	商品房/厂房
	形态特征	实体性	实体性	实体性
	稳定性	强	强	强
	流动性	弱	较强	较强
	消耗性	较强	较强	较强
	均质性	较强	较强	非均质
劳动力	形态示例	劳动资源	劳动证明	生产劳动
	形态特征	实体性	实体性	实体性
	稳定性	较强	较强	较强
	流动性	较弱	较弱	较弱
	消耗性	较强	较强	较强
	均质性	非均质	非均质	非均质
资本	形态示例	货币资源	金融产品	资金/资产
	形态特征	虚实兼有	虚拟性	虚实兼有
	稳定性	较弱	较弱	较弱
	流动性	强	强	强
	消耗性	强	强	强
	均质性	较强	非均质	资金较强，固定资产非均质
技术	形态示例	科技资源	专利/科技成果	科技产品/服务
	形态特征	虚拟性	虚拟性	虚实兼有
	稳定性	较弱	较弱	一般
	流动性	较强	较强	较强
	消耗性	非消耗	非消耗	较强
	均质性	非均质	非均质	非均质
数据	形态示例	电网公司采集的企业用电数据	电力负荷统计表	企业用电高峰预警方案
	形态特征	虚拟性	虚拟性	虚拟性
	稳定性	弱	较弱	一般
	流动性	最强	最强	最强
	消耗性	非消耗	非消耗	较强
	均质性	非均质	非均质	非均质

第三节 生产要素的市场属性比较

本节从排他性、竞争性、外部性、安全性和敏感性、要素分布、边际报酬、规模报酬和价值密度等方面来讨论生产要素的市场属性。

一、排他性

借鉴公共品理论，要素的排他性是指在技术上把拒绝为其付费的企业或个人排除在要素的受益范围外[①]。土地、劳动力、资本的三种形态具有明显的排他性[②]。技术的资源和产品形态都具有排他性，而要素形态具有部分排他性——公有技术作为公共品不具有排他性，私有专利具有排他性。数据要素的排他性存在争议。田杰棠和刘露瑶（2020）[③]以及魏江等（2021）[④]认为数据要素具有排他性，可以复制给无限多个个体使用。但是，他们没有考虑到拥有数据的企业可能不会随意公开自己的数据，因为数据正在成为企业的一项核心竞争力，而且还可能包含商业机密[⑤]。Gaessler 和 Wagner（2019）[⑥]指出，数据的排他性具有前提条

[①] 黄恒学：《公共经济学》，北京大学出版社 2002 年版。

[②] 田杰棠、刘露瑶：《交易模式、权利界定与数据要素市场培育》，《改革》2020年第 7 期。

[③] 田杰棠、刘露瑶：《交易模式、权利界定与数据要素市场培育》，《改革》2020年第 7 期。

[④] 魏江、刘嘉玲、刘洋：《数字经济学：内涵、理论基础与重要研究议题》，《科技进步与对策》2021 年第 21 期。

[⑤] 徐翔、厉克奥博、田晓轩：《数据生产要素研究进展》，《经济学动态》2021 年第 4 期。

[⑥] Gaessler F., Wagner S., Patents, Data Exclusivity, and the Development of New Drugs, *The Review of Economics and Statistics*, 2019.

件，当数据要素的规模够大、内容够复杂时，就会表现出高度的排他性，因其能够创造巨大的价值，使得拥有数据的企业或机构不愿意将其公开，而是据为私有。在对要素的三种形态进行区分后，可以认为数据要素的三种形态都具有部分排他性。具体而言，公共的数据或数据产品是公开的，所有企业和个人都能够获取和使用。而企业或个人拥有的数据或数据产品可能会具有排他性，他们在技术上有能力排除其他人的使用，而且数据越丰富，排他的动机越强。

二、竞争性

借鉴公共品理论，要素的竞争性是指消费者（企业、个人等）对要素的消费会减少其他人能够消费的数量，即要素的个体消费量可以等于消费总量 [1][2][3]。土地、劳动力、资本在三种要素形态下都具有竞争性。技术的产品形态具有竞争性，而资源和要素形态具有竞争性。在现有的研究中，数据要素被认为具有竞争性 [4]。数据可以无成本地复制，使得同组数据可以被多个消费者所使用，而一个消费者对数据的使用并不会减少其他消费者的数据使用量或效用 [5]。然而，在区分数据要素的三种形态之后，可以发现数据要素的非竞争性只适用于资源和要素形态。数据产品是具有竞争性的，因为特定数据产品的供给很可能是有限的，消费者对某种数据产品的消费可能会减少其他消费者能够消费

[1]　Samuelson P. A., The Pure Theory of Public Expenditure, *The Review of Economics and Statistics*, 1954.

[2]　吴立武：《公、私产品界定标准局限性分析》，《财经理论与实践》2006 年第 2 期。

[3]　闫磊、张小刚：《公共品非排他性、非竞争性逻辑起源与产权制度演生理论的频域分析》，《中国集体经济》2021 年第 26 期。

[4]　Jones C. I., Tonetti C., Nonrivalry and the Economics of Data, *American Economic Review*, Vol. 110, No. 9, 2020.

[5]　徐翔、厉克奥博、田晓轩：《数据生产要素研究进展》，《经济学动态》2021 年第 4 期。

的该种产品数量。

三、外部性

要素的外部性是指企业或个体对要素的使用会让其他人获利或遭受损失，但却不能因此得到补偿或为此付出代价①。土地、劳动力和资本要素不存在外部性的概念。技术的资源和要素形态具有正外部性，体现在技术外溢上，由于其他公司的学习和模仿，一个行业的个别公司的技术进步可能带动整个行业技术水平的提高。与传统要素不同的是，数据要素的三种形态既具有正的外部性②，也具有负的外部性③。例如，在数据搜集方面，雅虎通过搜集使用雅虎搜索引擎的用户数据，显著地提升了搜索的质量，从而改善了用户的使用体验，吸引了更多用户使用。现实中，不同数据集的信息普遍存在相关性，一个消费者的个人数据可能透露和该消费者有关联的其他消费者的信息。因此，消费者与企业的数据要素市场化交易都面临数据的隐私负外部性问题④。

四、安全性和敏感性

在要素的安全性方面，土地和劳动力要素的风险较小，安全性较高。资本的安全性较低，例如，银行的资本金过少会导致难以偿债，

---

① 蔡跃洲、马文君：《数据要素对高质量发展影响与数据流动制约》，《数量经济技术经济研究》2021 年第 3 期。
② 徐翔、厉克奥博、田晓轩：《数据生产要素研究进展》，《经济学动态》2021 年第 4 期。
③ 荣健欣、王大中：《前沿经济理论视野下的数据要素研究进展》，《南方经济》2021 年第 11 期。
④ 荣健欣、王大中：《前沿经济理论视野下的数据要素研究进展》，《南方经济》2021 年第 11 期。

带来破产风险；资本市场还具有很强的不确定性，会给经济的运行带来一定的风险。技术的资源形态安全性低，要素形态安全性也较低，技术的泄密可能给企业或其他组织的竞争力带来严重的损失；而技术的产品形态安全性较高。数据的安全性更低，数据面临着未经授权的泄露、修改和破坏的风险。

在要素的敏感性方面，土地和资本携带的信息很少，敏感性低。资源形态的劳动力掌握的技能和机密较少，敏感性较低；而要素形态和产品形态的劳动力可能会掌握一些专有技能和商业机密，敏感性较高。技术的资源和要素形态也具有高敏感性，一些私有技术往往会受到企业的严格保密；而技术的产品形态敏感性较低。数据存储着个人、机构、企业和政府的隐私信息，具有高度的敏感性。Acquisti 等（2016）指出，数据在形成生产力的同时也可能存在隐私泄露的风险[1]。因此，数据要素在生产过程中需要去标识化、脱敏、隐私计算、区块链等技术的支撑。

五、要素分布

数据要素的分布状况与传统要素有显著差异，主要体现在它们的资源形态。在资源形态下，土地和资本的分布较为集中，主要掌握在企业、机构、集体或政府手中，而个人难以大量拥有；劳动力为个人自身所有。与之不同的是，数据资源是高度分散的，每个人都拥有数据。数据可以是经济活动的副产品，每个消费者在消费过程中都会产生数据，每个用户每一次使用 APP 都能产生数据；数据还可以是个人的信息，包括自己的活动、行程、偏好以及其他隐私信息等。在要素形态下，五种生产要素的分布都是较为集中的，通过要素的集聚实现生产效率的提

---

[1]　Acquisti A., Taylor C., Wagman L., The Economics of Privacy, *Journal of Economic Literature*, Vol. 54, No. 2, 2016.

高。在产品形态下，劳动力和资本集中在企业或机构中，商品房、科技产品和数据产品的分布较为分散，它们能被广泛地出售给个人。

六、边际报酬

单一种类数据要素的边际报酬与三种传统要素是相似的，都符合边际报酬递减规律[1][2]：在技术水平不变的情况下，增加任何一种要素的投入，当该要素投入数量达到一定程度后，再增加单位该要素所带来的产量增加量是递减的[3]。

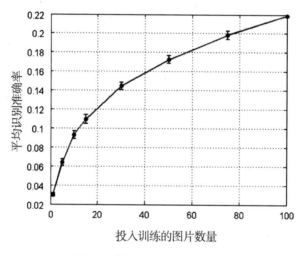

图 2-1　数据要素的边际报酬递减

例如，当数据用于改善预测能力时，预测误差只能减少到零，这就

① 徐翔、厉克奥博、田晓轩：《数据生产要素研究进展》，《经济学动态》2021 年第 4 期。

② Farboodi M., Veldkamp L., A Growth Model of The Data Economy, *National Bureau of Economic Research*, No. 28427, 2021.

③ 高鸿业：《西方经济学（微观部分）》，中国人民大学出版社 2018 年版，第 103 页。

为数据的边际报酬设定了一个自然界限 ①。更具体地，Varian（2019）发现，机器学习中的数据要素和传统生产要素一样，呈现边际报酬递减的规律。随着投入训练的图片数量的增加，机器学习算法的平均识别准确率的增速递减 ②（见图 2-1）。

七、规模报酬

规模报酬是指其他条件不变，企业内部要素投入（除技术外）按相同比例变化时所带来的产出的变化 ③。许多研究指出数据要素会引起规模报酬递增，致使大型企业相比小型企业能够更高比例地从数据要素中获益 ④⑤。Varian（2018）⑥ 指出有三种效应使得数据要素能够引起规模报酬递增：（1）固定成本效应：数据要素投入的固定成本较高，而由于采集数据经常是由程序自动完成的，数据要素投入的可变成本低；大规模投入数据要素能够有效摊薄企业平均成本。（2）网络效应：网络效应的存在，让大型企业（特别是互联网企业）能够用已有的大规模数据吸引更多用户，并进一步搜集更丰富的潜在数据。（3）"干中学"效应：数据处理技术是稀缺且需要摸索的，因此存在较强的干中学效应；随着数据处

---

① 荣健欣、王大中：《前沿经济理论视野下的数据要素研究进展》，《南方经济》2021 年第 11 期。

② Varian H., *Artificial Intelligence, Economics, and Industrial Organization*, University of Chicago Press, 2019, pp. 399-422.

③ 高鸿业：《西方经济学（微观部分）》，中国人民大学出版社 2018 年版，第 114 页。

④ 荣健欣、王大中：《前沿经济理论视野下的数据要素研究进展》，《南方经济》2021 年第 11 期。

⑤ Begenau J., Farboodi M., Veldkamp L., Big Data in Finance and the Growth of Large Firms, *Journal of Monetary Economics*, Vol.97, 2018.

⑥ Varian H., Artificial Intelligence, Economics, and Industrial Organization, *In: The Economics of Artificial Intelligence: an Agenda*, Cambridge, MA: National Bureau of Economic Research, 2018.

理规模的增加，数据处理的成本相对降低，从而引起了规模报酬递增。

　　数据规模的增加和种类丰富度的提升都可以让数据要素的规模报酬不断提升 ①②。不同数据所包含的信息能够互补，单独一条数据的信息极其有限，而积累起来的大量数据的价值会远高于单条数据价值的简单加总。

八、价值密度

　　数据要素还有其他值得讨论的特殊属性，如价值密度。

　　在 IBM 公司提出的大数据 5V 特性中，大数据的价值密度低，许多无价值的数据对于企业而言没有用处。因此，大数据需要经过处理来提升其价值密度 ③。在数据要素的三种形态中，资源形态的数据高度分散，价值密度低。只有经过分析、处理、整合和标准化之后，数据才具有较高的价值密度，此时数据处于要素形态。数据产品的价值密度更高，因为它在要素形态的基础上实现了进一步的提炼，用以实现某些功能。

表 2-2　生产要素的市场属性比较

生产要素	市场属性	资源形态	要素形态	产品形态
土地	排他性	是	是	是
	竞争性	是	是	是
	安全性	高	高	高
	敏感性	低	低	低
	要素分布	较集中	较集中	较分散
	边际报酬	递减	递减	递减

---

① Veldkamp L., Chung C., Data and the Aggregate Economy, *Journal of Economic Literature*, No.1, 2019.

② Jones C. I., Tonetti C., Nonrivalry and the Economics of Data, *American Economic Review*, Vol.110, No.9, 2020.

③ 汪少敏、王铮：《基于异构关联的大数据价值密度提升方法》，《电信科学》2017年第 12 期。

续表

生产要素	市场属性	资源形态	要素形态	产品形态
劳动力	排他性	是	是	是
	竞争性	是	是	是
	安全性	高	高	高
	敏感性	较低	较高	较高
	要素分布	较分散	较集中	集中
	边际报酬	递减	递减	递减
资本	排他性	是	是	是
	竞争性	是	是	是
	安全性	较低	较低	较低
	敏感性	较低	较低	较低
	要素分布	较集中	较集中	较集中
	边际报酬	递减	递减	递减
技术	排他性	是	部分排他	是
	竞争性	非竞争	非竞争	是
	外部性	正	正	无
	安全性	低	较低	较高
	敏感性	高	较高	较低
	要素分布	较集中	较集中	较分散
数据	排他性	部分排他	部分排他	部分排他
	竞争性	非竞争	非竞争	是
	外部性	正、负	正、负	正、负
	安全性	低	低	低
	敏感性	高	高	高
	要素分布	高度分散	较集中	较分散
	边际报酬	递减	递减	递减
	规模报酬	递增	递增	递增
	价值密度	低	较高	高

第四节　小结

从数据要素与传统生产要素的自然属性和市场属性比较中，可以得出以下结论。

1. 五种生产要素的一个共性是它们都有两种来源，既可以从资源转化而来，也可以从产品转化而来。因此，五种要素普遍具有资源形态、要素形态和产品形态。数据要素三种形态都能参与市场化交易，而它们的自然属性和市场属性都有差异，这会给数据要素市场化配置带来更多的挑战。

2. 数据要素的自然属性除了虚拟性外，与传统生产要素的差异并不大，数据的要素化同样需要标准化、稳定化、可控制、可计量、可流动。数据的市场属性与传统生产要素有着相当大的差异。数据要素的市场化除了要像传统生产要素一样可定价、可交易、确保安全性，还有一些新的要求，如来源合法、隐私保护到位等，以及要促进生成市场建设。

3. 要素市场化具有前提条件，生产要素需要满足竞争性和排他性之一（如技术的要素形态），或者全部满足（如土地、资本、劳动），才能进行市场化交易。否则，生产要素会成为一种公共品。数据的资源形态、要素形态和产品形态均满足该条件，都可以参与市场化交易。

4. 数据要素天然地适合共享，也适合进行市场化交易。原因如下：第一，资源形态下的数据要素分布比传统要素更为分散，每个人和每个企业都可以拥有数据，都可以成为数据的供给者；企业将数据作为生产要素时，需要大量地从各种渠道采集和购买数据，这将引发数据要素在企业与企业之间、企业与个人之间广泛的交易行为。第二，由于资源和要素形态下的数据要素具有非消耗性、非竞争性，数据的共享和交易不会导致卖方数据拥有量的减少，使用数据的效用不会因为使用者数量的增加而下降。第三，数据在物理上天然地便于分享和交易。传统要素在分享和交易过程中会受到物理上的限制，而数据作为虚拟要素，只需要在计算机上复制粘贴即可完成分享和交易。

5. 技术和数据要素的形态和非均质性对"资源转化为要素"和"要素转化为产品"有较大影响。在这两个过程中，要素的形态和非均质性对技术的影响主要体现在与劳动力结合的能力，对数据的影响主要体现在与劳动力和技术的结合的能力。数据要素形态多变，且具有很强的非均质性，这不利于发挥数据要素对生产的赋能作用，也会给数据要素的市场化定价带来困难。因此，对数据要素进行标准化处理是非常必要的。

6. 数据要素的自然属性和市场属性与传统四种要素有明显的异同，因此数据要素的市场化不能完全沿用传统四要素的路径，但可以借鉴四种生产要素市场化的一般规律。数据要素的自然属性和市场属性均与技术要素最为相似。因此，数据要素的市场化过程可以在一定程度上借鉴技术市场：参考技术市场，原始数据应该首先有"授权市场"，然后才有要素市场和产品市场。在授权的方式上，考虑到数据要素的属性，需要分级分类授权。

7. 技术和数据要素的强外部性决定了这两类市场难以自发实现帕累托最优，必须辅以法规约束来实现市场化配置。

第三章　生产要素市场化的一般规律

　　生产要素市场化配置是释放要素价值的必经之路。本章聚焦生产要素市场化问题，首先梳理传统四种生产要素的市场化演进路径，包括具体过程和市场化配置机制，然后归纳出生产要素市场化的一般规律并从信息技术中间态的演化视角拓展其内涵，最后综合考虑生产要素市场化的一般规律和数据的独特属性，提出数据要素市场化应该遵循的一般规律。

第一节　传统四种生产要素的市场化演进路径

一、传统四种生产要素市场化的一般过程 ①

　　土地、劳动力、资本、技术等要素经历了多轮次配置方式的改革探索，已建立起较为完善的市场化配置体系。根据生产要素的定义，生产要素来源于资源和产品两条路径，本章研究聚焦其由"资源形态"到"要素形态"，再到"产品形态"的演进路径。总体上，随着要素形态演进，传统四种生产要素都经历了三阶段形态转变、三阶段权属转移和三阶段要素定价。

---

① 本节内容已于 2021 年发表在《中国发展观察》第 14 期，略有修改，详见陆志鹏：《数据要素市场化实现路径的思考》，《中国发展观察》2021 年第 14 期。

1. 土地要素市场化的一般过程

土地要素实现市场化配置的三个阶段：一是土地征收，国有土地、乡村集体土地资源经过土地储备机构评估和定价，经政府或其授权委托的企业统一征地、拆迁、安置、补偿，并建设市政配套设施，达到"三通一平""五通一平"或"七通一平"的建设条件（即"熟地"），纳入土地储备库。为保证土地制度的社会主义经济体制，我国创造性地提出土地所有权和用益权的二元分离，在土地资源转化为出让地块过程中，保证所有权归国家或集体，用益权归企业或个人，这就为土地的市场化提供了制度基础。二是土地出让，政府把用途、范围和质量界定清晰的"熟地"，通过市场化定价机制，以"招拍挂"、协议出让等方式，将其使用权在一定年限内让与土地使用者。在这一过程中，土地所有权保持不变，用益权转移给地方政府。三是土地商业开发，土地使用者经过开发建设，形成房地产、厂房等产品，具备生产、生活等丰富多样的承载功能，并进入市场流通。在这一过程中，土地所有权依然保持不变，用益权转移给开发商。

表 3–1　传统四种生产要素市场化的一般过程

生产要素	资源形态	确权	定价	要素形态	确权	定价	产品形态	确权	定价
土地	土地资源	所有权：国家/集体 用益权：企业/个人	标准补偿	出让地块	所有权：国家/集体 用益权：地方政府	地价评估	商品房/厂房	所有权：国家/集体 用益权：开发商	市场定价
劳动力	劳动资源	个人	技能评估	劳动证明	个人	价值评估	生产劳动	所有权：个人 用益权：个人+企业	绩效定价
资本	货币资源	国家/企业/个人	法定利率	金融产品	银行	市场利率	生产资金/资产	企业	市场定价
技术	科技资源	公有/组织/个人	价值评估	专利/科技成果	组织/个人	授权定价	技术产品/服务	企业	市场定价

2.劳动力要素市场化的一般过程

劳动力要素实现市场化配置的三个阶段：一是教育培训机构对适龄人口进行培训，适龄人口作为原始劳动力资源，拥有就业权，在支付培训费用后，经各级各类教育及培训机构培训，取得就业所需的行业专业技能，并以证书等形式完成技能认定。二是市场对劳动力进行技能和薪金的评估认定，在劳动力市场，人力资本拥有自主择业权，凭借证书等标准化、共识广的标的物，完成劳动技能的市场化价值认定。三是劳动力进入企业参与价值创造，用人方通过签订劳务合同，取得劳动力在一定时期内的使用权，以企业培训等方式使劳动人员掌握特定企业、特定岗位的工作技能要求，实现将劳动力融入生产的社会化分工体系中。

3.资本要素市场化的一般过程

资本要素实现市场化配置的三个阶段：一是资金归集，银行通过储蓄存款等方式筹集个人资金，实现资金使用权的转移。二是包装金融产品，加工各类金融产品，并基于风险评估和货币的市场价格确定利率水平，进而通过发放贷款等形式实现金融产品使用权向企业转移。三是资金融入企业，企业在取得资金使用权后，用以购买生产资料，加工产品并投放市场，通过市场活动实现资金的回笼循环。

4.技术要素市场化的一般过程

技术要素实现市场化配置的三个阶段：一是知识积累，各类研发主体获取支撑技术创新的知识、工具、人才等科技资源，并依法取得其使用权。二是成果产出，创新主体通过申请知识产权保护等形式，对所取得的技术创新成果进行权属确定。技术成果基于收益法、市场法、成本法等评估方式，确定市场价值。三是成果转化，生产主体通过竞价转让、协议转让等方式，取得知识产权的所有权或使用权，并基于科技成果构建或改造生产体系，生产出投放市场的终端产品或服务，完成技术要素在市场经济循环中的价值创造。

二、传统四种生产要素市场化配置机制

市场配置机制区别于行政配置机制，主要包括市场价格机制、运行机制（供求机制、竞争机制、监管机制）。所谓生产要素的市场化配置，主要指生产要素的市场化定价机制和市场化交易模式。其中，市场化定价区别于政府定价，要求价格完全由市场竞争决定；市场交易区别于非市场交易，要求通过市场机制，以货币为媒介、等价交换。

关于交易市场，一般分为要素市场和产品市场。其中，要素市场强调生产投入品交易，产品市场强调生产的产出品交易。值得一提的是，在经济学范畴，一般没有资源市场的概念，但这并不代表不存在资源市场。实际上，资源市场广泛存在于业界，泛指一些权属明晰的资源交易模式和场所。本节主要对传统四种生产要素的要素市场和产品市场展开比较研究。

表 3-2　经济学理论对交易市场的概念辨析

市场类型	定义	辨析
资源市场	西方经济学中没有资源市场的概念	一般存在于业界，泛指一些权属明晰的资源交易模式和场所
要素市场	生产要素在交换或流通过程中形成的市场，包括资金市场（金融市场）、劳动力市场（劳务市场）、技术市场、信息市场、房地产市场等	强调生产的投入品交易
产品市场	又称商品市场，是指有形物质产品或劳务交换的场所，企业在这里出售其产品或劳务	强调生产的产出品交易

土地以要素形态出现时，主要通过"基础价 + 拍卖溢价"方式定价，并以场内集中交易为主要交易模式。当土地由地产开发商竞拍获得并建设成为商品房或厂房时，主要通过市场供需定价，并以场外分布式交易为主要交易模式。

劳动力以要素形态出现时，主要通过"基础价 + 协议溢价"的方

式定价,如根据学历、资历、技能确定基础价,再根据劳动者的其他特征和能力来确定溢价范围,最终双方协议实现定价。交易方式主要以场外分布式交易为主。当劳动力以生产劳动提供给劳动需求方时,劳动力的报酬主要通过绩效考核确定,并以场外分布式交易为主要交易模式。

由于资本兼具虚拟和现实两种形态特征,因此资本以要素形态出现时,主要通过"基础价+风险溢价"的方式定价,其中风险溢价主要根据金融产品的预期收益和市场风险进行评估来确定。当资本以资金或资产进入市场时,也根据预期收益和市场风险进行评估来实现定价,并根据不同类型产品分为场内集中和场外分布式两种交易模式。其中,场内集中交易模式如股票二级市场、部分场内基金和债券等;场外交易模式如股票一级市场、部分场外基金和债券等。

技术以要素形态出现时,主要通过"基础价+市场溢价"的方式定价,其中市场溢价主要是对包含技术的专利或科技成果的预期收益进行现值评估。交易模式主要包括场内集中和场外分布两种。当技术以产品或服务形态出现时,同样基于技术的预期收益定价,但交易模式一般以场外分布交易模式为主,这是由于技术产品或服务相对丰富,场外分布式交易更有利于充分释放技术的价值。

表 3-3 传统四种生产要素的定价机制和交易模式

生产要素	要素形态	定价机制	交易模式	产品形态	定价机制	交易模式
土地	出让地块	基础价+拍卖溢价	场内集中	商品房/厂房	市场供需	场外分布
劳动力	劳动证明	基础价+协议溢价	场外分布	生产劳动	绩效	场外分布
资本	金融产品	基础价+风险溢价	场内集中场外分布	资金/资产	市场供需	场内集中场外分布
技术	专利/科技成果	基础价+市场溢价	场内集中场外分布	技术产品/服务	市场供需	场外分布

归结起来，传统四种生产要素的要素形态定价机制都是"基础价＋溢价"的形式，产品形态定价机制都是市场供需①，交易模式主要考虑交易产品权属清晰、交易价格市场决定、交易成本普惠、交易规模灵活多样、交易方式公正透明、交易场所安全可靠等因素，呈现不断发展和完善的特征。

第二节　生产要素市场化的演进规律

根据传统四种生产要素的市场化演进路径，生产要素市场化需经历"确定要素形态、完成三次确权、进行三次定价"的规律。

首先，要素在完成大规模市场化流通的过程中，普遍在原始资源、终端产品之间确定一个具备共识基础的中间形态，作为交易标的物，以便开展标准化、专业化的价值评估评定。这个要素形态可以来自资源的转化和中间产品再次投入生产，如熟地、资格证书、银行贷款、知识产权等。

其次，在流通的各个环节，每当要素发生形态转换时，均需要对其权属进行准确划分和确定，为定价、交易创造条件。特别重要的是，有些生产要素的所有权和用益权并不统一归要素持有者所有，因此要区别对待，并根据特殊情况进行要素的多权分离等制度创新。

最后，要素在流通过程中，因形态转换通常伴随着价值创造，导致要素价格和定价机制在每一个环节均产生巨大差异。因此要素定价并非一次完成，而是在每次确权之后，根据要素当前所处形态开展差异化定价。值得一提的是，无论具体采用哪种方式定价，其根本仍是基于市场供需来确定。

对不同生产要素而言，要素形态演变对其市场化的影响较大，特别是要素的中间形态，对连接底层资源和终端应用至关重要。随着信息技

---

① 生产劳动的定价机制虽然是绩效定价，但其本质仍然是市场供需。

术不断成熟和被广泛应用，以及其与数据要素的紧密联系，从信息技术视角研究其形态演变规律，对拓展生产要素市场化的一般规律具有重要意义，对研究数据要素市场化也具有重要启示。

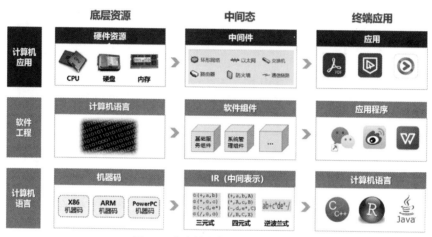

图 3-1   信息技术中间态的演化规律

以计算机技术与通信技术为核心的第五次信息技术革命推动信息技术快速迭代、应用需求飞速增长，并逐步完成产品化进程。在此过程中，我们可以观察到，无论是计算机应用、软件工程产品，还是计算机语言，在发展到一定阶段后，或多或少都会出现底层资源与终端应用强耦合、强关联，两端链接路径非标准化、异质化和小众化等现象，导致技术和产品适配难、兼容性差等问题十分突出。随着产业链逐步发展成熟，或是主动而为、或是无意演化，都逐步形成了中间的技术形态或产品形态。

一、计算机应用视角下的"中间态"演化

计算机从 1946 年问世至今，历经四代发展，已经由最初占地 170 平方米、主要用于军事科研的超大型机演变为进入寻常百姓家、应用于各行各业的微型机。在前三代的发展中，计算机主要通过硬件的优化升级和操作系统的引入来实现计算处理效率的提升。上述方法，在解决科

学计算这类简单或单一场景问题时十分有效，但由于硬件与终端应用强耦合、硬件资源共享共用困难、不同软件应用间交互不足的限制，在处理多元化、复杂化问题以及实现内外交互上却无能为力。同时，随着IT 的发展和普及，越来越多的软件需要适配不同的硬件平台和网络协议异构环境，应用也从局域网拓展到广域网。对此，传统的"客户端/服务器"两层结构已无法适应需求，极大程度地阻碍了计算机微型化和普及化进程。

在此情况下，"中间件"应运而生，并与集成电路技术一起推动了第四代计算机的快速发展。中间件 (Middleware) 是一种独立的系统软件或服务程序，位于应用与操作系统、数据库等基础软件之间，主要用于解决分布式环境下数据传输、数据访问、应用调度、系统构建和集成、流程管理等问题。基于中间件构建的三层或多层分布式架构，实现了前台交互界面、中间业务逻辑与后台基础资源的解耦，为上层应用提供稳定的运行与开发环境，帮助用户灵活、高效地开发和集成复杂的应用软件，极大降低了应用开发的难度、提高了应用部署的灵活性和跨系统兼容性，推动了数据应用市场的繁荣壮大。

总体来看，当前计算机应用的形态发展形成三个层次：一是硬件等底层资源，如 CPU、硬盘以及内存等硬件资源；二是中间件产品，如环形网络、防火墙以及通信链路等；三是计算机应用，如流版签类应用、终端应用以及网络应用等。在三个层次中，作为"中间态"的中间件承担着承上启下的重要作用。

二、软件工程视角下的"中间态"演化

20 世纪 50 年代至 20 世纪 90 年代，软件技术飞速发展，并逐步从航空航天深入渗透到政府管理、金融贸易、电子商务以及企业管理等领域。软件应用程序也由最初的单个人开发的一小段程序发展成为能够处理大型、复杂问题，并提供高质量服务的软件产品。随着业务复杂度、

协作效率以及用户需求的爆炸式增长，系统规模庞大、内部耦合严重、
开发效率低、后续修改和扩展困难、系统逻辑复杂，以及问题排查修复
困难等问题越来越突出，继而引发了新一轮软件业危机。

对此，在 1996 年，Michael Mattson 提出 IOC 架构理念，借助于
"第三方"实现具有依赖关系的对象之间的解耦，继而引发了"软件架
构"的潮流，创造出"组件"概念，即软件开发中的"中间态"。软件
组件是基于降低耦合、可重复使用的目的，将一个大的软件系统按照分
离关注点的形式，拆分成多个独立的组件。一个独立的组件可以是一
个软件包、Web 服务、Web 资源或者是封装了一些函数的模块。这样，
独立出来的组件可以单独维护和升级而不会影响到其他的组件。

总体来看，当前软件工程的形态发展形成三个层次：一是以计算机
语言为核心的底层资源，它们将程序有效地组织起来，实现软件业务
和服务指令的电子化和代码化；二是软件组件，如基础服务组件和系统
管理组件等；三是面向实际用户的终端应用程序。在三个层次中，作为
"中间态"的软件组件承担着重要作用，通过实现底层计算机语言与终
端应用的分离与解耦，把复杂系统分解成相互透明、相互合作的对象，
降低了软件系统的复杂度和开发维护难度。随着软件技术的不断进步及
软件工程的不断完善，软件组件这种特殊的中间态开始作为一种独立、
特殊的软件产品出现在市场上，供应用开发人员在构造应用系统时选
用，如 Log4j2、HTTP Server 免费使用的软件组件以及 GrowingIO 等付
费使用的软件组件。

三、计算机语言视角下的"中间态"演化

计算机语言从 20 世纪 40 年代发展至今，由最早程序开发使用的
"机器语言"发展到广泛使用的高级编程语言。"机器语言"，即机器码，
是用二进制代码表示的计算机能直接识别和执行的一种机器指令的集
合，具有灵活、直接执行和速度快等优点，但存在编程难度大、与机器

绑定、兼容性极差的缺点，广泛推广使用难度极大。相比较机器码，以C、Java 等为代表的高级计算机语言则易学易掌握、与机器独立、兼容性好、可移植性高，但存在计算机不可直接执行、效率低的缺陷。对此，如何取舍或有效解决决定了计算机语言发展的总体方向。

中间表达形式（Intermediate Representation，IR）的出现，有效解决了上述问题，并使得高级语言从 20 世纪 60 年代至今仍旧保持相当的活力。中间表达形式 IR 是一种在高级语言转换为目标机器代码过程中的一个进行机器无关的优化，也是高级计算机语言向低级目标语言之间的一个过渡。高级计算机语言的设计和运行先转化成中间态 IR，然后对 IR 进行优化生成机器码代码，进而能够被计算机识别和理解，既解决了高级语言不可直接机读的缺陷，又避免了机器码使用困难、兼容移植性差的不足。

总体来看，当前计算机语言的形态发展也形成三个层次：一是以机器码为核心的底层资源，它实现机器指令的机器直接执行识别；二是 IR 中间表达形式，包含三元式、四元式、逆波兰式等多种形式；三是以 C、Java 等为代表的高级计算机编程语言。在三个层次中，作为"中间态"的 IR 中间表达形式承担着重要作用，在计算机语言实际设计和执行过程中，通过将以高级语言输入的程序转化为生成中间表达形式的代码，然后再优化生成机器码代码以保障计算机可识别和理解，实现编程语言与计算机脱钩，提升了代码的易使用性、可移植性、兼容性等。

纵观信息技术以及产品的发展与演变历程，计算机应用、软件工程以及计算机语言等均形成了"底层资源—中间态—终端应用"的层次结构。中间态的出现，极大程度地推动技术应用和产品研发标准化、规模化发展，加速信息技术产品化进程，对产业整体创新活力和资源配置效率产生积极推动。由此可见，中间态的出现是信息技术演化发展的普遍规律。

第三节　生产要素市场化规律对数据要素市场化的启示

一、数据的形态演变

由于数据具有形态多变的特征，且与数据相关的概念较多，因此有必要对相关概念做出界定和区别。关于数据的定义较多，虽然《牛津英语词典》和《现代汉语词典》都对数据进行了明确的定义，但由于当前的数据具有特殊的经济学意义，因此本书仅考虑数据的经济学含义。经济学界对数据有四种相对权威的定义：一是国际标准化组织（ISO）将数据（Data）定义为"信息的一种形式化方式的体现，以达到适合交流、解释或处理的目的"[①]；二是全国信息安全标准化技术委员会将数据定义为"任何以电子方式对信息的记录"[②]；三是中国信通院将数据定义为"对客观事物的数字化记录或描述，是无序的、未经加工处理的原始素材"[③]；四是"数据"可以被视为信息中不属于创意和知识的部分，它不能直接用于生产，但能促进创意和知识的形成，进而指导提高生产[④]。比较四种定义：前两种定义内涵相似，比后两种定义更宽泛，可以涵盖各种形态的数据；后两种定义为了区分原始数据和其他形态数据，更强调数据的原始性特征，且第四种定义还从数据的功能角度进一

[①]　ISO/IEC, Information Technology – Vocabulary, Online Browsing Platform, https://www.iso.org/obp/ui/#iso:std:iso-iec:2382:ed-1:v1:en:en.

[②]　全国信息安全标准化技术委员会秘书处：《网络安全标准实践指南——网络数据分类分级指引》，全国信息安全标准化技术委员会网站，见 https://www.tc260.org.cn/front/postDetail.html?id=20211231160823.

[③]　中国信通院：《数据价值化与数据要素市场发展报告（2021 年）》，中国信通院网站，见 http://www.caict.ac.cn/kxyj/qwfb/ztbg/202105/t20210527_378042.htm.

[④]　Jones C.I., Tonetti C., Nonrivalry and the Economics of Data, *American Economics Review*, Vol. 110, No. 9, 2020.

步区分了数据与信息、知识的差异。由于后文还将具体分析不同形态的数据，本书更倾向于采用宽泛的概念来定义数据，并遵循全国信息安全标准化技术委员会的定义，认为数据是以电子方式对信息的记录。

与数据概念和形态相关的概念主要有数字、信息、知识。其中，数字一般指由 0 到 9 组成的数学符号，可被电子设备识别和信息化处理，与数据相比，数字更强调将各类信息量化的过程；信息是经过处理、组织和结构化的数据，在特定语境中有特定的含义，它解决了数据的不确定性问题；知识则是基于数据和信息分析后获得的一种认识或理解。

表 3-4 数据相关概念辨析

概念	定义	特征	辨析
数据	以电子方式对信息的记录	可用于分析、研究或辅助决策的有用的信息	数据可以是连续的值，比如声音、图像，称为模拟数据；也可以是离散的，如符号、文字，称为数字数据
数字	从 0 到 9 的任何一个数字	电子设备可识别	与数据相比，数字更强调将各类信息量化的过程，使得包括计算机在内的电子设备能够处理
信息	信息是经过处理、组织和结构化的数据	可编码、可传输	信息与数据相关联，区别在于信息解决了不确定性
知识	知识是对一个人、一件事或一种情况的详细认识或理解	来源广泛，包括但不限于感知、推理、记忆、证明、科学研究、教育和实践	知识是在经过一系列的科学地采集处理分析数据、信息后获得的结果

数据形态的演变必须经历一定的处理过程，一般包括数字化、数据化、信息化、知识化。其中，数字化是指将物理世界（线下）的内容搬到数字世界（线上），进而实现生产方式、分工形式、商业模式等的变革；数据化是基于数字化内容，将事实和观察的结果转化为可制表分析的量化形式；信息化更强调通过信息技术将物理世界联通起来，提高经济社会运转效率；知识化是基于积累的经验和信息挖掘出有利于提高经济生产效率的知识和技术的过程。

表 3-5　数据处理相关概念辨析

概念	定义	特征	辨析
数字化	①狭义的数字化是指数字化转化：把模拟数据转换成用0和1表示的二进制码，使得计算机可以对其进行存储、处理① ②广义的数字化是指数字化升级：使用数字技术改变商业模式并提供新的收入和价值创造机会，这是转向数字业务的过程	①物理世界→数字世界 ②数字技术→组织变革、商业模式创新	产业数字化：在新一代数字科技支撑和引领下，以数据为关键要素，以价值释放为核心，以数据赋能为主线，对产业链上下游的全要素进行数字化升级、转型和再造的过程② 数字化转型：是建立在数字化转换、数字化升级基础上，又进一步触及公司核心业务，以新建一种商业模式为目标的高层次转型③
数据化	把现象转变为可制表分析的量化形式	①以计量和记录为基础 ②目标：从数据中挖掘出巨大信息的价值，从而揭示出新的深刻洞见	数字化带来了数据化，数据化是将数字化的信息进行条理化，为决策提供有力的支撑。 例子：文本数据化、地理位置数据化、人际关系数据化
信息化	在国民经济和社会各个领域，广泛利用电子计算机、通信、网络等现代信息技术和其他相关智能技术，开发信息资源，促进信息交流和知识共用，以提高整个国民经济的现代化水平和整体运行效率、提高人民生活质量的过程	"软硬结合"，物质设施和信息观念需要同时推进，体现在社会生活的方方面面，促进社会转型	与知识化相比，更强调技术，包括软件和硬件两个方面。可以分成四个层次：(1) 企业信息化——微观层次；(2) 产业信息化——中观层次；(3) 经济结构信息化——宏观层次；(4) 全面信息化——社会层次
知识化	在注重必需生产要素投入的同时，以促进有形要素边际生产力提高为目标，在现有可能的条件下不断注重知识积累与发展	着眼于生产效率的提升	与信息化相辅相成，侧重于通过信息技术挖掘要素生产潜力，最终通过促进生产要素合理配置，采用更先进的生产技术，优化生产方式和生产流程提高生产效率

---

① [英] 维克托·迈尔-舍恩伯格、肯尼思·库克耶：《大数据时代：生活、工作与思维的大变革》，周涛等译，浙江人民出版社 2013 年版。

② 国家信息中心信息化和产业发展部、京东数字研究院：《携手跨越重塑增长——中国产业数字化报告 2020》。

③ 陈劲、杨文池、于飞：《数字化转型中的生态协同创新战略——基于华为企业业务集团（EBG）中国区的战略研讨》，《清华管理评论》2019 年第 6 期。

　　虽然数据的形态十分丰富，但根据生产要素的演变规律来看，数据形态演变的起点和终点却相对明确。其中，起点是来源丰富的原始数据，它具有来源分散、海量、易变动等特征；终点是供人类应用的数据产品和服务，它具有应用多样、丰富、易变动等特征。数据形态在起点和终点中间演变，形成无数条从数据来源到数据应用的链接路径，呈现出复杂多样的特征。正是由于上述特征，导致数据在流通中存在确权难、计量难、定价难等问题，在安全性方面存在存储风险、交易风险、应用风险等问题，进而导致直接从原始数据链接到数据产品和服务的道路行不通，即在数据来源和数据应用之间必须经历一个"数据中间态"来解决上述问题。这样一来，在数据形态演变的路径中，寻找一个能解决数据流通、安全等问题的"数据中间态"便成为打通数据价值链的关键。值得一提的是，"数据中间态"只是一个虚拟概念，是数据价值链中的一个特殊阶段，并不特指某一具体形态。

图 3-2　数据形态演变的起点和终点

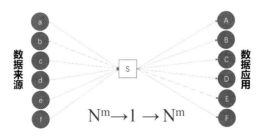

图 3-3　数据中间态：打通数据形态演变的可行方案

为适应不同环节和场景需求，数据形态随着数据价值链发生改变。数据价值链最早由 Miller 和 Peter（2013）提出，他们认为数据价值链的起点是数据获取，终点是做出决策，共经历数据发现、数据集成、数据探索三个环节①。国际上具有影响力的数据价值链有 OECD 和美国 BEA 提出的两种类型。其中，OECD 提出的数据价值链主要基于个人数据，该价值链包括采集/授权、存储与聚合、分析与销售、利用四个环节；美国 BEA 提出的数据价值链包括采集、存储、加工、销售、利用五个环节。

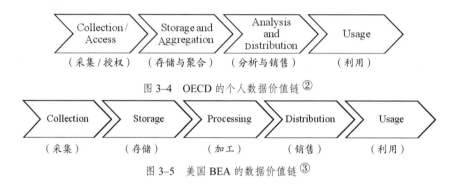

图 3-4　OECD 的个人数据价值链②

图 3-5　美国 BEA 的数据价值链③

由于价值链理论主要关注企业价值创造和竞争优势，所以后续研究者都基于企业的数据价值创造活动展开，大体包括数据的生成、采集、存储、传输、分析、交易、消费、分配等价值节点，各种研究的差别在于特别注重某些环节和价值节点，因而提出"三环节论"④、"四环

① Miller H.G., Mork P., From Data to Decisions: A Value Chain for Big Data, *IT Professional*, No. 1, 2013.

② Organization for Economic Cooperation and Development, Exploring the Economics of Personal Data: A Survey of Methodologies for Measuring Monetary Value, OECD Digital Economy Papers No. 220, Paris: 2013, OECD Publishing.

③ Robert Kornfeld, Measuring Data in the National Accounts, BEA Advisory Committee Meeting, https://www.bea.gov/system/files/2019-05/Kornfeld-Measuring-data-in-the-national-accounts.pdf, 2019.

④ Miller H.G., Mork P., From Data to Decisions: A Value Chain for Big Data, *IT Professional*, No. 1, 2013.

节论"①②③④、"五环节论"⑤⑥ 等。还有的学者认为数据价值链并不只是单向流动，还会逆向流动，并且在数据价值创造的每个环节都有数据生产、传输、收集、存储、分析和利用等过程⑦。

本书认为数据价值链是体现数据价值创造的关键环节组成的一条链路，这条链路上的关键环节应遵循"最少必要"原则来设定。例如，数据的传输相对其他环节而言，其价值创造并不明显，因而可以省略。再比如数据的存储、加工、交易将会伴随着数据价值链延伸多次发生，但在设定数据价值链的理论模型时只能出现一次。在数据价值链的基础上，不同的价值链主体基于自身的能力和需求，可能以价值链中的某个节点为起点延伸出另一条价值链，但延伸出的这条新价值链依然符合数据价值链的设定原则。无数拥有不同起点和终点的数据价值链相互结合，便形成了数据价值网络。

基于数据价值链的内涵，以及传统四种生产要素的形态演变规律，本书认为数据要素市场化有两条路径，一条是基于数据本身形态演变，另一条是基于数据金融属性形态演变。其中，基于数据本身形态演变的路径是数据市场化的基础，基于数据金融属性形态演变是数据市场化的

① Gustafson T., Fink D., Winning Within the Data Value Chain, Strategy & Innovation Newsletter, No. 2013,.

② Kriksciuniene D., Sakalauskas V., Kriksciunas B., Process Optimization and Monitoring along Big Data Value Chain, *Business Information Systems Workshops*, 2015.

③ Faroukhi A.Z., Alaoui I., Gahi Y., Amine A., Big Data Monetization Throughout Big Data Value Chain: a Comprehensive Review, Journal of Big Data, No.3, 2020.

④ 戚聿东、刘欢欢：《数字经济下数据的生产要素属性及其市场化配置机制研究》，《经济纵横》2020 年第 11 期。

⑤ Curry E., The Big Data Value Chain: Definitions, Concepts, and Theoretical Approaches, New Horizons for a Data-Driven Economy, 2015.

⑥ Moro Visconti, Roberto, Alberto Larocca, Michelle Marconi, Big Data-Driven Value Chains and Digital Platforms: From Value Co-Creation to Monetization, 2017.

⑦ 李晓华、王怡帆：《数据价值链与价值创造机制研究》，《经济纵横》2020 年第 11 期。

金融性质衍生。

　　数据本身形态演变包括原始数据、数据资源、数据要素、数据产品和服务。不同于传统四种生产要素和其他实体要素直接以资源形态存在于物理世界，数据具有虚拟性，它并不直接以资源形态存在，而是由人类活动直接或间接产生。根据中国信通院的报告《数据价值化与数据要素市场发展报告》(2021)[①]，数据最初以原始数据形态出现，是人类对客观事物的数字化记录或描述。由于原始数据是无序的、未经加工处理的素材，尚不具备使用价值，因此不能直接投入生产。当数据具备使用价值并能直接投入社会生产经营活动中时，原始数据就转化为了数据资源。进一步，当数据已经参与到社会生产经营活动，并为使用者带来经济效益时便成为了数据要素。最后，数据经生产形成产品或服务时，数据便以产品和服务的形态呈现出来。

表 3–6　数据的四种形态演变概念辨析

概念	定义	辨析
原始数据	对客观事物（如事实、事件、事物、过程或思想）的数字化记录或描述，是无序的、未经加工处理的原始素材（中国信通院）	可以是连续的值，如声音、图像，也可以是离散的，如符号、文字
数据资源	能够参与社会生产经营活动、可以为使用者或所有者带来经济效益、以电子方式记录的数据（中国信通院）	区别数据资源与数据：是否具有使用价值
数据要素	参与社会生产经营活动、为使用者或所有者带来经济效益、以电子方式记录的数据资源（中国信通院）	区别数据要素与数据资源：是否产生了经济效益
数据产品和服务	数据经生产形成的产品或服务	若再次进入生产，则为数据要素；若被直接消费，则为数据产品

---

① 中国信通院：《数据价值化与数据要素市场发展报告（2021 年）》，中国信通院网站，见 http://www.caict.ac.cn/kxyj/qwfb/ztbg/202105/t20210527_378042.htm。

数据金融属性的形态演变一般包括数据资源化、数据资产化、数据资本化①。数据资源化等同将原始数据转化为数据资源。数据资产化是指对企业而言，当数据资源、数据要素、数据产品等具有使用价值的数据内容不能作为费用一次性计入当期损益，而应作为某一项资产长期的支出时，将这项资产计入长期资产的成本中。数据资产化也可以认为是将具有使用价值的数据内容以资产的方式确定下来，并对其进行估值和折旧。数据资本化是发挥数据金融属性的重要一步，一般包括数据信贷融资、数据证券化，需要构建数据交易平台、数据银行、数据信托等机构。通过数据资本化，数据价值能够在资本市场得到拓展和优化配置，如加速数据红利的多维价值释放和整合性价值创造②。

表 3-7　数据资源化、资产化和资本化概念辨析

概念	定义	特征
数据资源化	使无序、混乱的原始数据成为有序、有使用价值的数据资源	包括数据采集、归集、聚合、分析等，形成可采、可见、标准、互通、可信的高质量数据资源，是激发数据价值的基础，其本质是提升数据质量、形成数据使用价值的过程
数据资产化	数据通过流通交易给使用者或所有者带来经济利益的过程	本质是形成数据交换价值，初步实现数据价值的过程
数据资本化	主要有两种方式：数据信贷融资、数据证券化。其中，数据信贷融资是指数据资产作为信用担保获得融资；数据证券化是指以数据资产未来产生的现金流为偿付支持，通过结构化设计进行信用增级，发行可出售流通的权利凭证，获得融资的过程	拓展数据价值的途径，本质是实现数据要素的社会化配置

① 曹硕、廖倡、朱扬勇：《数据要素的证券属性设计研究》，《上海金融》2021 年第 4 期。

② 尹西明、林镇阳、陈劲等：《数据要素价值化动态过程机制研究》，《科学学研究》2022 年第 2 期。

二、数据要素市场化的形态演变规律

1. 数据价值实现机制

数据必须通过流通进入市场才能激活价值，为了实现数据安全高效流通，数据必须经历原始数据资源化、数据资源要素化、数据要素产品化三次重大形态转变和价值增值。根据上文数据价值链的内涵和设定原则，数据价值链也必须明确体现出原始数据资源化、数据资源要素化、数据要素产品化三次重大形态转变和价值增值。结合学术界既有研究和数据产业界访谈调研，将数据价值链设定为：授权—采集—归集—存储—加工—要素交易—生产①—产品交易—消费。该价值链包括九个"最少必要"关键环节。

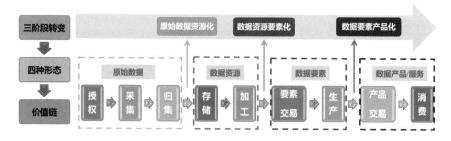

图 3-6　数据价值实现机制

（1）原始数据资源化

不同于传统四种生产要素，数据具有独特属性。一方面，数据具有虚拟性、非匀质性、易复制等特征，若不明确界定数据权属和使用范围，则难以在市场上实现合法、公正的流通和交易；另一方面，由于数

---

① 学术界和产业界大多采用"分析""加工""挖掘"等来刻画数据产品和服务的生成过程，但上述处理工序贯穿于数据处理的全过程，只是在不同环节中处理的深度不同而已，不能体现该环节的特殊性。本书采用"生产"一词来刻画该环节，其内涵包括对数据的深度加工分析以及价值挖掘等，目的是该环节的特殊性，即经过该环节生成供利用或消费的数据产品和服务。

据具有敏感性、安全性等特征，若直接进入市场流通极易产生负外部性，如数据主体的隐私泄露、数据的非法滥用、国家和企业等的信息安全问题等。此外，对经济生产活动而言，原始数据本身没有使用价值，必须通过原始数据资源化，将其转变为具有使用价值的数据资源，才具备进入社会生产经营活动的条件。

原始数据资源化大体经历三个环节：授权、采集、归集。其中，原始数据授权是为了从源头上确保数据来源、流通、应用的合法性，保障数据主体的权益和隐私，规范数据流通和应用的权限范围，降低数据的负外部性。数据采集往往紧随数据授权发生，并将采集数据存储起来，进入归集环节。数据归集是数据资源化的核心环节，主要是将无序的、未经加工处理的原始数据，通过登记归集、清洗转换、分类分级、编目稽核等初加工方式转化为有序的、具有使用价值的数据资源。

值得一提的是，数据授权不仅发生在原始数据阶段，还发生在数据的每一次形态转变和交易流转之时，即确保数据在价值链上每个环节的合法性。相较而言，数据的采集和归集则一般仅发生在原始数据阶段，即只有原始数据才需要经历采集和归集环节，其他形态数据不再需要采集和归集，而是直接通过数据资源市场交易获得，根据生产或消费需求进行分析或加工。

（2）数据资源要素化

转化为资源形态的数据已经具有使用价值，进而具备参与社会生产经营活动的基本条件，因而可以存储起来，这是数据发生的第一次"蝶变"。但经历一次"蝶变"的数据仍然难以直接进入市场流通交易。数据资源解决了数据权属问题，以及部分的隐私和安全问题，但由于尚不满足数据流通和交易市场的准入标准，因而并未解决要素在市场上高效、大规模流通和交易的问题。因此，数据资源还必须经过要素化的环节，符合数据流通市场的准入标准才能满足数据市场化的要求。

数据流通市场的准入标准是数据标的符合可界定、可流通、可定价原则。具体而言，有三方面的作用。一是从源头上确保数据流通和应用合法。若数据标的符合可界定的准入原则，例如能清晰界定数据权属和使用范围，就能从源头上确保数据的来源、流通和应用的安全合法，有利于保障数据主体的权益和隐私，降低数据的负外部性。二是促进数据低成本、大规模流通。若数据标的符合可流通的准入原则，例如将数据转化为可计量、易存储的形态，就能确保数据标的明确、标识清晰，降低存储成本，拓展数据应用场景，进而促进数据大规模流通。三是有利于实现数据的公正、高效、大规模交易。若数据标的符合可流通、可定价的准入原则，例如将数据转化为可定价、可计量、易存储、可交易的形态，就能确保流通数据价值可估，降低存储和交易成本，提高交易匹配效率，丰富交易模式，进而实现公正、高效、大规模交易。总而言之，建立可界定、可流通、可定价的数据流通标的准入原则，能够确保流通数据来源合法、标的明确、范围确定、标识清晰、价值可估。

根据数据流通市场的准入标准，以及能够进入社会生产经营活动、为使用者或所有者带来经济效益的条件，数据资源必须经过进一步加工实现从数据资源到数据要素的跃升。相对于上一环节的归集，数据资源的加工环节可以看作是基于数据归集处理后的一系列深加工，包括数据资源的脱敏加密、标识化标准化等流程，将数据资源转化为可定价、可计量、易存储、可交易的标准形态，并且完全克服数据隐私和安全问题。

（3）数据要素产品化

当数据资源转化为数据要素，便成为和传统生产要素一样，具备在要素市场上高效、大规模流通和交易的条件，也可以直接进入社会生产经营活动，为使用者或所有者带来经济效益，数据便实现了第二次"蝶变"。由于数据具有多维属性，应用的场景越丰富，数据释放的价值越大。以物流数据为例，若将应用场景局限于物流领域，则仅具有提高物流效率、安全水平等价值，且提高幅度有限；若将应用场景扩大到农业、制造业、金融业、电力等多场景，则能降低农产品损耗、提升制造业生产效率、赋能供应链金融、预判电价等，极大地释放数据价值。因此，要充分释放数据的应用价值，拓展数据市场规模，还应该推动实现数据要素产品化，实现数据的第三次"蝶变"。

数据要素产品化是指数据以生产要素形态进入生产要素市场，并通过市场交易，流通进入生产环节，并与其他生产要素相结合，生产出供消费的数据产品和服务的过程。根据上文关于要素和产品的概念界定，若数据产品和服务进入产品市场，通过市场交易，流通到消费环节，并被消费者直接消耗掉，则称之为数据产品或服务；若数据产品和服务并未进入产品市场，而是进入生产要素市场，并通过市场交易，再次流通到生产环节，则仍称之为数据要素。

虽然在经济学理论上，需要根据数据产品和服务进入的交易市场类型和被应用场景划分为生产要素或产品，但在现实中，生产要素市场和产品市场的边界比较模糊，两个市场共同构成的数据交易市场为满足多场景数据需求提供了条件。此外，随着数据多维属性的使用价值被不断发现，数据的应用场景也将不断拓展，与之相适应的数据交易形式和规模也将不断演变；反过来，随着人们对数据提出新的场景需求，也将倒逼数据产品和服务的生产力提升。

2. 数据要素的市场化规律

数据要素和传统四种生产要素相似，需要经历多阶段形态转变、多次确权和多次定价才能实现市场化配置。然而，数据具有不同于传统四种生产要素的属性特征，因此数据要素市场化首先必须经历形态转变，生成一种"数据中间态"来克服加工、计量、定价、流通、交易等问题。

首先，数据最初以原始形态出现，不具备使用价值，因而难以直接进入社会生产经营。原始数据本身并不具有生产力，它需要渗透在基本生产要素中才能转化为实际生产能力[1]。原始数据的所有权属于原发者，包括政府、组织、企业和个人，但由于不具备使用价值，因而用益权没有意义。

其次，当原始数据转化为数据资源时，数据具有了使用价值，因而

---

[1]　蒋永穆：《数据作为生产要素参与分配的现实路径》，《国家治理》2020 年第 31 期。

也具备了交换价值。经过采集和归集等环节处理的数据资源，其所有权和用益权根据贡献应归原发者和采集归集者共有。由于单一数据资源的价格难以确定，且数据资源还尚未完全解决数据的安全和隐私等问题，因此不适宜用市场化的方式来定价。参考技术资源的定价方式，可通过授权定价或价值评估来实现。一般而言，数据资源的持有主体是采集归集者，包括政府、组织、企业。这样一来，数据资源的所有权和用益权不完全属于数据持有者，并且数据的所有权和用益权在原发者和采集归集者之间难以分配，因此数据资源的市场化交易难以大规模展开，必须通过一系列的制度设计和协议约束实现。此外，在现实经济运行中，由于数据原发者相对于数据持有者而言比较分散，也难以直接参与到数据的市场交易中，因而每个环节都需要配套的制度设计和协议约束。

再次，当数据资源转化为数据要素时，数据已经产生了经济效应。一般而言，经过市场化交易的数据要素，其所有权随着市场交易自动发生转移，用益权在协议约束范围内归生产加工者所有。

最后，当数据转化为数据产品或服务时，数据用益权便通过市场交易转移给购买者。

表 3-8　数据要素的市场化规律

生产要素	资源形态	确权	定价	要素形态	确权	定价	产品形态	确权	定价
数据	数据资源	原发者与采集归集者	授权定价／价值评估	数据要素	生产加工者	市场定价	数据产品／服务	购买者	市场供需

基于传统四种生产要素的定价机制和交易模式规律，以及数据要素的独特属性特征，数据也应该在要素形态和产品形态两个阶段服从市场化定价和交易的一般规律。

当数据以要素形态出现时，主要通过"基础价＋市场溢价"的方式定价，其中市场溢价主要是指数据要素对不同场景需求而言具有不同

的市场收益和安全风险，必须进行收益和风险的价值评估。交易模式主
要包括场内集中和场外分布两种。当数据以产品或服务出现时，主要基
于市场供需方式定价，但交易模式将衍生出场外平台模式，这是由于数
据产品的开发需要平台企业的数字技术能力来实现更加精细的产品生
产。此外，数据交易模式除了要遵循传统四种生产要素需要考虑的因素
外，还需要考虑数据的隐私保护、安全要求，以及对收入分配的影响，
因此数据市场还需要建立数据标的物的准入门槛，满足数据可计量、可
控制、兼顾安全和公平等标准化要求。

表 3-9　数据要素的定价机制和交易模式

生产要素	要素形态	定价机制	交易模式	产品形态	定价机制	交易模式
数据	数据要素	基础价＋市场溢价	场内集中场外分布	数据产品/服务	市场供需	场内集中场外分布场外平台

　　根据上述分析，数据要素市场化也要解决形态转变、权属变更、定
价市场化的问题。其中，数据形态的转变主要依靠数字技术创新，克服
原始数据的敏感性、安全性、非标准、难定价等问题，使原始数据转化
为可以在市场上安全高效流通、交易、利用的形态，如数据要素、数据
资产等。数据确权主要依靠制度创新，探索数据所有权、使用权、经营
权，甚至分配权的多权分离制度，保证数据能被合法、安全、公平、高
效交易和利用，并使"根据数据要素贡献分配"成为促进共同富裕的路
径之一。例如，2021 年颁布的《个人信息保护法》给予个人数据可转
移权，通过法律法规的形式先后将可携带或可转移的权利赋予了个人，
扩展了数据产权的权利束。数据的市场化定价和交易主要依靠市场组织
形式和方式的创新，如探索多层次多样化的市场交易体系、数据市场准
入规则、数据资产金融化、数据监管组织构建等，进而实现数据要素的
安全、公平、高效流通和交易。

中篇
数据要素市场化研究

数据只有通过市场化的配置才能满足丰富的场景需求，实现要素价值的充分释放，成为新时期推动经济增长的新动能。中篇内容主要围绕数据要素市场化展开，共分为三部分：首先，基于政府和企业对数据要素市场化的探索归纳出现有实践的难点和问题；其次，基于上篇结论和现实问题提出数据要素市场化的可行路径与顶层设计；最后，提出构建安全高效的数据市场体系的具体方案。

第四章　推动数据要素市场化的路径探索与现实问题

当前，数据要素市场化的制度建设尚处于探索阶段，学术界呈百家争鸣态势，企业界则基于数据产品和服务的供需两旺市场行情率先开始了市场化或非市场化实践。基于当前发展态势，尚没有可以遵循的成熟理论来支撑数据要素市场化，因此，本章首先梳理国家和地方政府关于数据要素市场化的路径探索，其次通过案例研究分析企业的实践探索，最后归纳出数据要素市场化面临的现实问题。

第一节　国家和地方政府关于数据要素市场化的路径探索

推动数据要素市场化，主要是打通数据价值链的堵点，并通过一系列制度和市场设计实现数据要素合法、安全、高效流通和应用。自党的十九届四中全会首次把数据列为五大生产要素之一以来，我国加快推进数据治理的制度建设，党的十九届五中全会明确提出"建立数据资源产权、交易流通、跨境传输和安全保护等基础制度和标准规范，推动数据资源开发利用"。目前我国的数据市场化制度探索主要从数据应用和数据安全两个方面展开。

一、数据应用制度探索

我国数据治理兼顾数据安全与发展，因此在推动发展方面，我国也陆续出台多项制度，推动数据要素市场的建设，鼓励数据开放共享与交易流通。

中国在"十三五"期间颁布了《促进大数据发展行动纲要》《大数据产业发展规划（2016—2020 年)》。2020 年 4 月，《中共中央　国务院关于构建更加完善的要素市场化配置体制机制的意见》提出"推进政府数据开放共享"和"提升社会数据资源价值"，并先后建立了贵阳大数据交易所、北京大数据交易所、上海大数据交易所等数据市场化交易平台。与此同时，各行业主管部门也在积极发布出台方案、推进数据共享与流通。2020 年 4 月，国家发展改革委、中央网信办联合发布《关于推进"上云用数赋智"行动　培育新经济发展实施方案》，提出要"打造数据供应链""打通产业链上下游企业数据通道，促进全渠道、全链路供需调配和精准对接，以数据供应链引领物资链"。

表 4-1　国家关于数据应用颁布的主要政策文件

时间	文件名	主要内容
2015 年 8 月	《促进大数据发展行动纲要》	用 5—10 年，利用大数据逐渐建立社会治理新模式、经济运行新机制、民生服务新体系、创新驱动新格局、产业发展新生态
2016 年 12 月	《大数据产业发展规划（2016—2020 年)》	到 2020 年，技术先进、应用繁荣、保障有力的大数据产业体系基本形成
2020 年 4 月	《中共中央　国务院关于构建更加完善的要素市场化配置体制机制的意见》	加快培育数据要素市场，推进政府数据开放共享，提升社会数据资源价值
2020 年 4 月	《关于推进"上云用数赋智"行动　培育新经济发展实施方案》	打造数据供应链，以数据供应链引领物资链

续表

时间	文件名	主要内容
2021 年 12 月	《"十四五"数字经济发展规划》	创新数据要素开发利用机制
2021 年 12 月	《要素市场化配置综合改革试点总体方案》	探索建立数据要素流通规则，完善公共数据开放共享机制，建立健全数据流通交易规则，拓展规范化数据开发利用场景
2021 年 12 月	《数字交通"十四五"发展规划》	推动条件成熟的公共数据资源依法依规开放和政企共同开发利用

2021 年 12 月 12 日，国务院印发的《"十四五"数字经济发展规划》正式提出要创新数据要素开发利用机制，利用数据资源推动研发、生产、流通、服务、消费全价值链协同，并再次提出要统筹公共数据资源开发利用，推动基础公共数据安全有序开放。这为数字经济发展如何利用数据要素指明了方向。2021 年 12 月 21 日，国务院办公厅颁布《要素市场化配置综合改革试点总体方案》，进一步提出要优先推进企业登记监管、卫生健康、交通运输、气象等高价值数据集向社会开放，探索开展政府数据授权运营，并提出探索"原始数据不出域、数据可用不可见"的交易范式，在保护个人隐私和确保数据安全的前提下，分级分类、分步有序推动部分领域数据流通应用。与之相对应，2021 年 12 月，交通运输部颁布《数字交通"十四五"发展规划》，提出要推动条件成熟的公共数据资源依法依规开放和政企共同开发利用。目前，国家交通运输部官网数据开放栏目和综合交通出行大数据开放云平台都已经开放了交通运输领域的数据集。此外，北京、浙江、山东、广东、江苏等省市也分别出台了公共数据条例或征求意见稿，逐步汇聚和有条件开放公共数据，主要用于提高社会治理能力和公共服务水平等。

二、数据安全治理制度探索

随着数据作为生产要素的价值逐渐凸显，数据采集、交易、应用逐渐丰富，各种关于数据隐私保护和行业自律的问题逐渐暴露，如个人隐私数据的暗网交易、用户数据被平台垄断等。数据市场的无序发展倒逼国家强化数据安全治理。为此，自2016年开始，我国数据安全相关的法律法规密集出台，在网络安全、个人信息主权与保护、数据分级分类管理等方面进行制度规范，已围绕《网络安全法》《民法典》《数据安全法》和《个人信息保护法》四部法律法规形成数据安全治理的基本制度框架。

2016年11月7日，第十二届全国人民代表大会常务委员会第二十四次会议通过了《网络安全法》，强调要"维护网络空间主权和国家安全、社会公共利益，保护公民、法人和其他组织的合法权益，促进经济社会信息化健康发展"。2020年2月27日，工业和信息化部办公厅印发《工业数据分类分级指南（试行）》，根据对工业生产和经济效应的影响将工业数据分为三级，并实行分级管理、防护、应急处置等。2020年4月，《中共中央　国务院关于构建更加完善的要素市场化配置体制机制的意见》提出要"加强数据资源整合和安全保护"。2020年5月28日，第十三届全国人民代表大会第三次会议通过《民法典》，并于2021年1月1日起开始施行，对隐私权、个人信息进行了界定，并明确了个人信息主体的权利、个人信息处理的原则等，明确处理个人信息应当遵循合法、正当、必要原则，不得过度处理。

表4-2　国家关于数据安全治理颁布的主要政策文件

时间	文件名	主要内容
2016年11月	《网络安全法》	维护网络空间主权和国家安全、社会公共利益，保护公民、法人和其他组织的合法权益，促进经济社会信息化健康发展
2020年2月	《工业数据分类分级指南（试行）》	对工业生产和经济效应的影响将工业数据分为三级，并实行分级管理、防护、应急处置
2020年4月	《中共中央　国务院关于构建更加完善的要素市场化配置体制机制的意见》	加强数据资源整合和安全保护

续表

时间	文件名	主要内容
2020 年 5 月	《民法典》	界定隐私权、个人信息等，明确个人信息主体的权利和信息处理原则
2021 年 9 月	《数据安全法》	明确数据保护的总则，提出数据保护和治理的制度体系
2021 年 12 月	《"十四五"数字经济发展规划》	建立健全数据安全治理体系，研究完善行业数据安全管理政策
2021 年 12 月	《要素市场化配置综合改革试点总体方案》	加强数据安全保护
2021 年 12 月	《关于推动平台经济规范健康持续发展的若干意见》	提出要细化平台企业数据处理规则，探索数据和算法安全监管
2021 年 12 月	《网络安全标准实践指南——网络数据分类分级指引》	正式给出网络数据分类分级的原则、框架和方法

进入 2021 年下半年，由于数据安全问题不断凸显，国家颁布了大量关于数据安全治理的政策意见。2021 年 9 月 1 日，我国正式施行《数据安全法》，进一步强调，数据保护的总则是"规范数据处理活动，保障数据安全，促进数据开发利用，保护个人、组织的合法权益，维护国家主权、安全和发展利益"，并提出建立数据分类分级保护制度、数据交易管理制度、数据安全审查制度、全流程数据安全管理制度等。2021 年 11 月 1 日起施行的《个人信息保护法》进一步明确了个人信息的处理规则和各主体的权利义务，并确立处理个人信息应遵循的主要原则：合法、正当、最小必要、诚信、最短时间、目的明确合理等。2021 年 12 月 12 日，国务院印发《"十四五"数字经济发展规划》，强调要"建立健全数据安全治理体系，研究完善行业数据安全管理政策"。2021 年 12 月 21 日，国务院办公厅颁布《要素市场化配置综合改革试点总体方案》，再次强调要通过技术、制度和监管等手段加强数据安全保护。2021 年 12 月 24 日，国家发展改革委等九部门联合颁布《关于推动平台经济规范健康持续发展的若干意见》，提出要细化平台企业数据处理

规则，探索数据和算法安全监管等。2021 年 12 月 31 日，全国信息安全标准化技术委员会秘书处发布《网络安全标准实践指南——网络数据分类分级指引》，正式给出网络数据分类分级的原则、框架和方法，并强调数据分类分级需按照数据分类管理、分级保护的思路，遵循合法合规原则、分类多维原则、分级明确原则、从高就严原则以及动态调整原则。其中，数据分类采用面分类法，按国家、行业、组织等视角给出多维度数据分类参考框架；数据分级主要从数据安全保护的角度，考虑影响对象、影响程度两个要素进行分级，并规定了数据级别与影响对象和影响程度的关系①。

围绕这一整体制度框架，各地方、各行业也加快制定数据安全治理相关的政策与标准。贵州、海南、天津、深圳、上海、西安等省市政府纷纷在数据安全治理方面进行率先探索，涵盖数据安全管理、政务数据管理、数据交易规范等多方面。各行业也结合发展特点，陆续制定面向行业的数据安全治理政策与标准，包括工业、金融、电信、汽车、互联网、网络支付等②。

表 4-3　数据安全基本分级规则

基本级别	国家安全	公共利益	个人合法权益	组织合法权益
核心数据	一般危害、严重危害	严重危害	—	—
重要数据	轻微危害	一般危害、轻微危害	—	—

① 根据《网络安全标准实践指南——网络数据分类分级指引》，影响对象包括国家安全、公共利益、个人合法权益和组织合法权益四个，影响程度分为轻微危害、一般危害、严重危害三级。
② 中国电子信息产业发展研究院、赛迪智库网络安全研究所：《数据安全治理白皮书》，2021 年。

续表

基本级别	国家安全	公共利益	个人合法权益	组织合法权益
一般数据	无危害	无危害	无危害、轻微危害、一般危害、严重危害	无危害、轻微危害、一般危害、严重危害

注：一般数据还根据危害程度由低到高分为了1—4级数据。

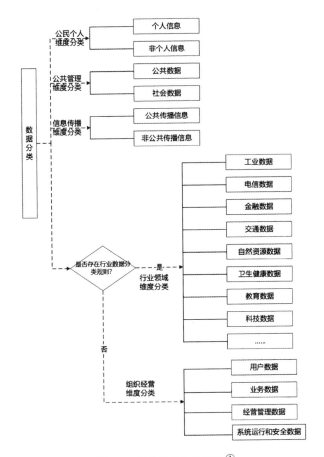

图 4—1 网络数据分类流程①

————————

① 全国信息安全标准化技术委员会秘书处：《网络安全标准实践指南——网络数据分类分级指引》，全国信息安全标准化技术委员会网站，2021 年 12 月 31 日，见 https://www.tc260.org.cn/front/postDetail.html?id=20211231160823。

第二节　平台企业关于数据要素市场化的实践探索

　　数据是新时代最重要的"数字金矿"，是全球数字经济发展的核心动能。"得数据者，得天下"——数据资源如同农业时代的土地、劳动力，工业时代的技术、资本已经成为信息时代重要的基础性战略资源和关键生产要素。数据的巨大价值如今已得到了普遍认可，并早已体现在企业中。以脸书（Facebook）为例，Facebook 上市时市值超过 1000 亿美元，而其公布的资产则仅值 66 亿美元。其中的巨大差额，就是源于 Facebook 没有体现在账面上的海量"数据资产"——8.45 亿个月活跃用户，每日评论数量达 27 亿条，照片 2.5 亿张，好友关系 1000 亿条。数据是新时期大国崛起的核心引擎，我国拥有海量的数据资源和丰富的应用场景，具备数据发展的先天优势。因此，如何挖掘数据的内在价值进而推动数据要素市场化显得尤为重要。

　　上文提到，数据从原始形态到产品形态的转化需要经过以下阶段：原始数据阶段（授权、采集、归集）、数据资源阶段（存储、加工）、数据要素阶段（要素交易、生产）、数据产品和服务阶段（产品交易、消费）。数据从原始形态到产品形态的转化是释放数据价值的必要条件。对企业而言，数据作为各部门运行的衍生产物，分散在企业运营各部门处。各部门由于职能不同，对数据的理解表述方式也各不相同。数据分析者往往需要花费大量的时间和精力收集各类数据，寻找数据共通的连接方式，才能将其归类分析应用。数据资产化意味着在公司内部形成共同的"数据语言"，各部门为了统一的分析目的，形成各自对应的统计标准，在运营过程中实时对数据进行收集汇总分析。数据资产化之后，数据资产会渐渐成为企业的战略资产，企业将进一步拥有和强化数据资源的存量、价值，以及对其分析、挖掘的能力，进而会极大地提升企业的核心竞争力。

　　因此，本部分将从数据价值链的逻辑框架出发，结合当下企业实践探索的具体案例,按照不同阶段形态梳理数据要素市场化的路径探索。

一、实践探索案例一:B 公司的数据要素市场化解决方案① (国内某互联网平台企业)

在数字经济时代,数据成为经济增长的重要驱动,B 公司高速增长的背后也离不开其强大的数据技术。B 公司在数据收集、归集、存储、分析、应用等领域均具有很多的技术优势。因此,通过分析 B 公司的数据要素市场化解决方案,可以获得很多数据要素市场化的经验,为其他企业数据开发、数据市场培育、数字经济发展等提供一些启示。

1. 原始数据资源化

关于原始数据资源化(从数据到数据资源),B 公司在收集和归集用户数据的环节,十分注重隐私保护和数据安全。具体来说,B 公司采用了最小化收集原则、数据授权原则等。第一,最小化收集原则。个人信息收集与使用的"透明度"以及用户对其个人信息的"控制力"是个人信息保护的核心。从产品设计之始,保护个人信息便是 B 公司保护个人信息安全的重要理念。因此,对个人信息的最小化收集、依法管理、合理使用,成为 B 公司历来遵循的一个原则。以 B 公司旗下某社交平台(以下简称 D 平台)的成功核心——推荐算法为例,其推荐算法主要包括数据挖掘、机器学习等技术,缺陷在于对数据具有一定的依赖性,但 D 平台实现了在更小范围内更精准地进行数据收集分析、提取功能特征。第二,数据授权原则。D 平台用对用户数据的尊重、保护、合理使用,赢得了上亿的用户信任。一方面,在控制力上,平台要去收集用户敏感数据,必须经过用户单独授权;另一方面,平台向用户介绍算法的基本原理,对收集数据的内容和用途公开透明,充分给予用户知情权、选择权和控制权。平台在隐私功能选项中提供了个人信息管

---

① 该案例资料由笔者访谈调研获得,并已征得 B 公司审核同意公开。

理指引、兴趣重置等功能，用户对接收信息可以自主选择。让用户参与到算法调参和数据保护中来是技术发展大势所趋，对产品的长远发展更为有利。

2.数据资源要素化

关于数据资源要素化（从数据资源到数据要素），B公司利用AI技术、隐私计算等技术对数据进行加工处理，得到可以投入生产经营的数据要素。

第一，在AI推荐算法方面，平台不断推进推荐算法的技术演化，力求未来数据开发和数据保护的一体化发展。关于推荐算法原理，B公司推荐算法主要根据用户特征、环境特征和内容特征，计算用户对内容感兴趣的概率，然后进行个性化内容推送（解决匹配难题）。推荐算法也在不断迭代，已经不是之前"画像"的模式，正全面转向深度学习（DNN）框架。一方面，用户信息已经实现全部匿名化处理，确保无法通过用户行为日志反向查到用户信息；另一方面，推荐算法采用全向量化召回方法，不再依赖用户画像和内容标签，向量化表达只有算法模型才能理解，规避掉了用户隐私泄露的问题。随着推荐算法迭代，进一步促进了数据开发和安全的统一。

第二，在隐私计算技术方面，B公司为了平衡数据价值开发和数据安全，除了大力开发AI技术，还十分重视隐私计算技术的开发。B公司积极探索数据安全与隐私保护前沿技术，包括：NLP解决敏感数据的识别与发现；差分隐私DP解决敏感数据的脱敏发布；属性加密ABE解决高敏数据的访问控制；隐私数据链接PRL解决个人信息的保护关联；多方安全计算MPC解决数据集合的隐私求交；协同学习CL解决隐私保护的多源数据联合建模；可信计算TEE解决大数据查询的安全隐私；等等。这些隐私计算技术为平台数据保护的未来发展提供了有力的后备保障。

B公司旗下产品某引擎（以下简称H引擎）是该公司推动海量数据、AI能力、隐私计算等资源融合的典型代表。2020年6月22日，B公司的H引擎正式上线，H引擎是B公司旗下企业级智能技术服务平台，依托 B 公司的大数据、人工智能等技术能力，主要提供 PaaS 层服务、SaaS 层服务，为客户提供数字化转型的解决方案。2020 年，H 引擎参加了中国信通院组织的《数据安全治理能力评估方法》标准制定，最近其隐私计算平台又获得中国信通院颁发的《联邦学习基础能力专项评测证书》。2021 年 6 月 21 日，H 引擎还获得了由挪威船级社（DNV）颁发的五项 ISO 国际标准证书，这标志着其产品服务已符合国际标准，可以为企业提供专业安全的服务。

3. 数据要素产品化

关于数据要素产品化（从数据要素到数据产品和服务），B 公司在利用 AI 技术、隐私计算等技术进行数据价值开发应用的同时，也注重利用各种技术加强用户的隐私保护和数据安全。而且，除了消费端，B 公司也重视生产端的数据开发应用。因此，其数据产品化既推动了自身业务创新、效率提升，也促进了其他企业的创新、赋能行业的数字化转型。下面从推荐算法、隐私计算等方面出发，具体介绍 B 公司的多元数据产品和服务。

第一，关于推荐算法的应用。推荐算法依托大规模数据、机器学习和个性化推荐技术，被广泛应用于 B 公司旗下多个产品，带来了高额收益。从 2017 年开始这项技术也被开放给企业客户，如今已经应用于电商、内容社区、手机应用商店、浏览器等多种场景，有效提升了信息匹配效率。以营销为例，AI 赋能精准营销，B 公司平台凭借海量用户数据及 AI 推荐技术，实现移动广告的三赢：用户端看到感兴趣的内容资讯、广告主精准定向节省广告成本、平台实现流量的最佳配置和变现。例如，H 引擎智能推荐助力某企业客户实现了 150% 的点击率增加，某些合作场景甚至取得了 180% 的广告营收增长。

第二，关于隐私计算的应用。根据调研，目前隐私计算在联合营销、在线广告上应用比较多，在金融风控、医疗、电信运营等场景中也逐渐出现。B 公司的隐私计算主要应用是在线广告。其中，联邦学习是目前使用非常多的一种形态。整体上，隐私计算应用处于初期，但是前景比较好。随着数据安全政策法规的增加，数据隐私保护要求更高，因此隐私计算的应用场景会增多，前景会更大。

第三，关于 AI 与隐私计算等技术融合的应用。H 引擎是 B 公司推动海量数据、AI 能力、隐私计算等资源融合的典型代表。H 引擎的各种服务积极利用隐私计算等技术，发挥 AI 和数据优势，在保护用户隐私的同时，促进数据价值的流通，帮助企业数字化转型。目前 H 引擎发布了全系云产品，包括云基础、视频及内容分发、数据中台、开发中台、人工智能五大类服务。H 引擎云产品是 B 公司"敏捷开发"技术实践的对外输出。目前 H 引擎的隐私计算平台已经对外商业化，其中联邦学习系统（Fedlearner）在电商、教育、金融等多个行业、多个场景落地。

目前，联邦学习系统已经有了大规模的 B 端应用。在技术架构和功能模块方面，联邦学习系统支持多类联邦学习模式，整个系统包括控制台、训练器、数据处理、数据存储等模块，各模块对称部署在参与联邦的双方的集群上，透过代理互相通信，实现训练。联邦学习系统将整个联邦学习系统都集成在了 Kubernetes 上。其最底层是 NFS 挂载层，提供分布式的文件存储。之上使用 ElasticSearch、FileBeat 和 Spark 等来处理日志和数据流（见图 4–2）。在此之上，联邦学习系统开发了为联邦学习定制的任务资源管理调度器，以及用来查询任务信息的 ApiServer 和联邦学习镜像。基于上面的基础设施，联邦学习系统可以支持多种联邦学习任务，包括数据分片、数据求交、NN 模型、神经网络模型和树模型训练。联邦学习系统开发了一个可视化的 WebConsole 界面方便算法工程师操作。联邦学习的过程需要参与双方经过公网来传输数据，为了安全的经过公网通信，联邦学习系统采用了 HTTPS 双向加密认证的方式来保证通信双方的身份可靠。很多操作都可以通过 WebConsole 进行可视化，这样效率倍增。

联邦学习的本质在于：通过数据的可用而不可见解决数据的隐私保护问题。联邦学习系统的技术主要包括基于差分隐私的数据保护、基于秘密共享的加密计算方法、基于同态加密的加密计算方法等。联邦学习系统还是一个开源平台，使得 B 公司平台与诸多行业伙伴得以共同推动隐私计算的发展，与客户一起保护用户数据安全，也有助于建立平台开放透明的机制。因此，联邦学习系统的联邦学习平台可以有效应对数据"孤岛"问题，实现数据的"可用不可见"，发挥数据协同利用的潜力，从而在保护数据安全和隐私的同时，促进业务效率提高、数据开发利用。

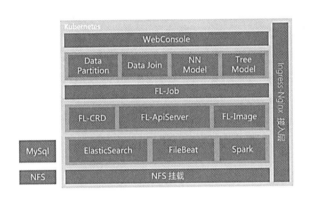

图 4-2　联邦学习系统技术架构图[①]

二、实践探索案例二：C 公司的数据要素市场化解决方案[②]

1. 数据要素市场化路径——数据安全和数据要素的一体化解决思路

国内某平台企业（以下简称 C 公司）以"一库双链、三级市场"为数据要素市场化的核心理念，建设全自主、高安全的数据金库作为底层运行支撑，通过数据资源两次赋能，打通数据资产链和数据价值链"双链融合"，同步催生数据资源、数据元件[③] 和数据产品三级市场，

---

① 资料整理自 B 公司官网。

② 该案例资料由笔者访谈调研获得，并已征得 C 公司审核同意公开。

③ 数据元件为 C 公司提出的新概念。根据《2021 城市数据治理工程白皮书》，数据元件是通过对数据脱敏处理后，根据需要由若干字段形成的数据集或由数据的关联字段通过建模形成的数据特征，以及图片、音视频等非结构化数据构成的数据集。

实现数据要素安全流通和高效配置，带动提高全要素生产率和创新水平，促进社会经济全面发展。下面分三部分介绍 C 公司数据要素市场化路径。

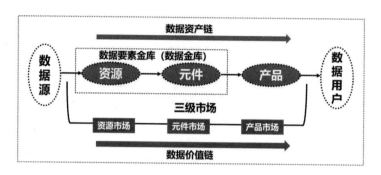

图 4-3　数据要素市场化示意图

（1）建立数据要素金库，形成安全底座

为支撑数据要素市场化过程，需建设一个"数据要素金库"（以下简称"数据金库"），形成数据要素运行的安全底座。数据金库定位于解决目前关键数据过于分散、安全保障不足等难题，由政府主导构建的自主安全的数据中心，存储影响国家及区域安全发展的核心数据、影响个人隐私以及国家长期发展战略的重要数据，以及对数据进行治理形成的数据元件。在建立数据金库的时候，需要建立配套的安全技术、法律制度、监管体系等三位一体的保障体系，为数据要素运行提供强有力的安全支撑。

数据金库在物理架构上采用全自主的独立数据中心，实现物理隔离，相比传统数据仓库使用逻辑分层隔离，数据金库采用物理分层隔离的安全机制，对数据资源进行分级分类，运用数据沙箱、隐私保护技术，确保原始数据不出库，加工后的数据元件可出库，从而实现"数据可用不可见"。数据金库在逻辑架构上采用增强型的分布式融合架构，包含"数据仓库"和"数据元件仓库"两个核心组成部分。数据仓库包含统一数据模型、基础层及资源层。数据元件仓库主要存储元件模型和元件结果，数据元件是通过结构化数据、半结构化数据和非结构化数据加工形成。

（2）构建数据资产链和数据价值链的"双链循环"

以数据元件为中心，实现数据价值链和数字资产链"双链循环"。第一，数据资产链。数据资产链是指数据在开发利用过程中，数据形态不断转化的过程，"数据资源—数据元件—数据产品"的形态转变，使得数据更有效地承载高价值信息，推动由"数据资源"转化为"数据资产"，形成"资产链条"。第二，数据价值链。数据价值链是指数据在深入挖掘过程中，价值不断释放的过程，从数据资源到数据元件的转化提升了数据品质，提高了数据价值密度和标准化程度，实现了第一层的数据增值。从数据元件到数据产品的转化完成从标准化的数据元件到特定应用场景和专业化服务的适配，实现了第二层的数据增值。

（3）培育数据三级市场

以数据元件为中心的数据要素市场化路径通过数据资产链和数据价值链得以实现，同时催生出数据资源、数据元件、数据产品三级市场。

①数据资源市场

在原始数据归集阶段，政府主导，通过建立面向各类数据资源的归集系统，并形成购买、协议以及激励等多种方式相结合的机制体系，有效归集各类社会数据，催生更有生命力的数据资源市场。强大的数据资源市场为数据元件市场提供了基础支撑。

②数据元件市场

为形成可析权、可计量、可定价且风险可控的数据元件体系，需带动相关能力主体对数据资源进行有效的开发和利用，以便快速扩展数据元件品类和数量，并依托规范化的流通平台进行交易流转，进而催生数据元件市场。

③数据产品市场

数据应用开发主体在数据元件市场通过交易获取数据元件，并对数据元件进一步开发利用，面向政府、企业、个人用户需求，打造成数据产品及服务，进而形成丰富的数据产品市场。

总体而言，C公司提出的数据要素市场化路径具有很强的可行性，已经开始落地。2022年1月4日，由全国信标委智慧城市标准工作组组织编写的《城市大脑发展白皮书（2022）》《城市大脑案例集（2022）》正式发布。其中，由C公司承建的四川省德阳市城市大脑、遂宁智慧中心项目入选《城市大脑案例集（2022）》中的城市综合治理篇案例集。C公司助力德阳市政府打造城市大脑，设计了德阳"数据治理——数据安全与数据要素化工程"总体方案。方案聚焦现代数字城市建设和数据治理所面临的难题，依托C公司以"PKS"体系和数据安全技术所构筑的数据安全能力，创新"打造一库双链，培育三级市场"数据要素核心理念和制度、技术和市场三位一体的数据治理体系，释放数据核动力，构筑城市发展新引擎。

2.数据要素市场化支撑体系——数据治理技术体系

（1）建立数据治理流程

C公司开发了"数据归集、处理、元件开发、元件交易"的数据治理流程，整个流程包括20道数据治理工序（见图4-4）。其中，数据归集和处理阶段属于原始数据资源化阶段——形成数据资源，这一阶段主要包括01—12工序。元件开发阶段属于数据资源要素化阶段——形成数据要素（元件），这一阶段主要包括13—16工序。数据资源经过进一步加工和开发形成数据元件，实现从数据资源到数据要素的跃升。元件交易阶段属于数据要素产品化阶段——形成数据产品和服务，这一阶段主要包括17—20工序。数据元件以生产要素形态进入生产要素市场，并通过市场交易，流通进入生产环节，并与其他生产要素相结合，生产出供消费的数据产品及服务的过程。

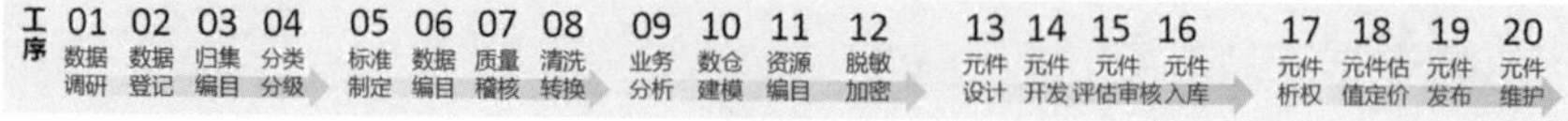

| 工序 | 01 数据调研 | 02 数据登记 | 03 归集编目 | 04 分类分级 | 05 标准制定 | 06 数据编目 | 07 质量稽核 | 08 清洗转换 | 09 业务分析 | 10 数仓建模 | 11 资源编目 | 12 脱敏加密 | 13 元件设计 | 14 元件开发 | 15 元件评估审核 | 16 元件入库 | 17 元件析权 | 18 元件估值定价 | 19 元件发布 | 20 元件维护 |

图4-4　数据治理流程

数据治理的模型是数据治理流程的技术基础。围绕数据要素流通的难点和痛点，C 公司提出"数据＋模型"的数据要素市场化三级模型。首先是基于原始数据，通过特征选择、特征抽取、聚合分析、统计分析等方法开发数据元件，再将数据元件作为安全流通、公允定价的数据"中间态"，以此作为流通要素，赋能于应用，并建立相关定价机制，从而构建由数据元件模型、应用模型、定价及安全审核模型构成的数据要素市场化三级模型。下面主要介绍最核心的数据元件模型。

数据元件模型：数据元件类似于电子元件，是基于原始数据脱敏加工而成，通过标准化数据清洗处理流程工序，形成基于通用需求的标准数据元件或者满足不同应用需求的定制数据元件。元件的数学模型如下：

$$x=f(d_1, d_2,...,d_n)$$

其中，$(d_1, d_2,...,d_n)$ 是原始数据，f 是模型函数，x 是数据元件。一方面，f 模型函数消除了原始数据中的隐私安全风险，使得数据元件作为安全流通对象，在数据元件市场进行交易流转，实现数据从生产资源向生产要素转变；另一方面，数据元件 x 中保留了原始数据中的"信息"，具备消除数据应用中"不确定性"的价值，从而能够形成可析权、可计量、可定价且风险可控的数据初级产品，为数据安全流通奠定基础。

（2）建立数据治理标准体系

面向数据要素市场化过程中数据清洗治理、数据元件生产和数据流通制定相应技术标准与规范体系，用于指导和管理数据治理工程。其主要包括数据清洗治理的标准体系、数据要素（元件）的标准体系和数据流通的标准体系。

①数据清洗治理的标准体系

构建统一的数据清洗治理体系，确保数据清洗治理工作的规范性，提高数据清洗工作的效率。一是建立数据清洗治理基础标准，主要包括总则、术语和参考模型等；二是建立数据管控规范，主要包括数据元规范、数据资源管理规范、数据质量管理规范、主数据管理、元数据标准规范等；三是建立安全类规范，主要包括数据安全管理框架和数据安全治理规范，明确各类安全管理手段和使用策略，指导数据安全管理和技术建设。

②数据要素（元件）的标准体系

构建数据要素市场化过程中数据元件的开发、生产和管理标准化体系，确保数据元件全链路闭环建设。一是面向数据元件开发过程制定数据元件的规格标准、设计规范、模型规范和数据元件开发商的准入规范；二是面向数据元件生产过程制定数据元件的质量标准规范；三是面向数据元件管理过程制定数据元件上架标准、安全审查标准、分级分类标准和管理规范。

③数据流通的标准体系

通过制定完整的数据流通管理与服务规范体系，确保数据元件交易的公平、公正和安全，为应用开发商提供便捷服务。一是建立数据元件质量评估体系、数据元件定价标准、数据元件发布标准和数据元件交易管理标准；二是建立基于"一口两户"的账户体系及运营管理办法；三是建立数据流通协议规约和数据安全流通规范。

第三节　数据要素市场化面临的现实问题

数据作为一种新生产要素，要顺利实现市场化，就必须打通数据价值链各环节面临的问题。归纳起来，当前数据要素市场化面临的问题可分为制度、技术、市场三个维度，下文将以这三个维度对数据要素市场化所面临的现实问题展开具体阐述。但必须指出的是，数据要素市场化在这三个维度所面临的问题并非割裂存在，而是相互交织纠缠在一起，制度上面临的问题与技术和市场上遇到的困难和阻碍密不可分，因此要解决制度问题，更加先进的数据技术和更加有效的数据市场设计不可或缺，技术和市场面临的情况亦是如此。

一、制度难点

资本、劳动、技术等其他生产要素基本上都有专门且成熟的制度安排和法律规定，而数据要素是随着数字经济和数据技术的发展，近些年才逐步兴起，作为数据经济时代一种重要的要素资源，目前尚没有形成一套系统化、可执行性强的制度设计。当前，对于数据资源的所有权、使用权和交易流通等尚没有明确细致的法律法规或者规章条例加以规范，影响数字经济发展和数据要素市场化的相关政策也没有适时做出调整，关于数据要素的标准化采集、合法共享、隐私保护等问题也没有明确的权责利边界，或虽有相关法规却仍然处于探索阶段，成熟的数据资源司法队伍还在建设之中。就目前数据要素市场化制度建设的情况来看，数据要素市场化在制度层面主要存在以下几个方面的问题：平衡数据安全、隐私保护与数据使用难，数据确权难，建立数据市场交易市场制度和相应监管制度难，数据要素收益分配难和国际数据要素市场制度构建难。

1. 平衡数据安全、隐私保护与数据使用难

数据作为数字经济时代的核心生产要素，其价值在其使用过程中从生产端向消费端转移，要想增加这一过程中转移到消费端的价值量，进而更好地发展数字经济，除了提高数据使用的技术、效率和扩展应用场景外，最根本的还是要使投入生产中的数据更加多元，数据范围更广，数据量更大。然而，数据并不能无条件无限制地都投入生产之中，对于包含个人隐私信息的数据，不经匿名处理地使用会泄露个人隐私；对于涉及企业及其他组织的数据，使用不当会造成这些机构的机密信息泄露；对涉及国家信息安全的数据，不加规范地使用会给国家信息安全带来隐患。从滥用数据造成的危害可以看出，无限制无条件地使用数据不仅不能加速数字经济发展，反而会造成数字经济系统紊乱，削弱社会总体福利水平。因此，必须要在数据安全、隐私保护与数据利用之间进行权衡，在做到个人隐私得到保护、国家各类组织信息安全无隐患的前提下，充分有效地发掘数据中

蕴含的价值，而制度则是确保这种平衡甚至达到最优解不可或缺的工具，对于不同类别的数据，当前条件下建立这种制度存在下述困难。

对于包含个人隐私的数据，目前其主要掌握在具有垄断性质的大型互联网平台手中，用户处于弱势地位且无法掌握其个人数据的使用和存储情况，国际上因平台企业滥用个人用户数据导致的个人隐私泄露给数据主体造成巨大伤害。与之对应，尽管我国已出台《个人信息保护法》，但在个人数据被各类大型互联网平台所掌握的条件下，建立一套有效、具体、可执行性强的用于平衡个人隐私保护与数据使用的制度存在挑战。由于相关制度不健全，平台企业在利用其掌握的个人用户数据的过程中，违规收集、滥用个人用户数据的情况时有发生，个人隐私泄露风险巨大。

对于涉及企业及其他机构机密信息的数据，由于没有像个人隐私保护那样受到广泛关注，对这类的数据的保护同样存在制度不完善的情况。由于制度的不完善，这类数据的拥有方不仅在储存、流通、交易、使用等过程中难以保证其数据安全，也容易在收益分配环节造成其利益受损。对不同的类型的企业、机构和组织建立相应数据保护制度，不是一件容易的事情。

对于涉及国家信息安全的数据，由于互联网和科技公司已经成为全球跨国企业的重要力量，这些企业在生产运营过程中搜集了我国大量数据资源，其中不乏一些涉及国家安全的核心关键数据。由于数据的可复制性特征，这些数据能轻易实现跨境流通，极大地威胁了我国信息安全。我国已经注意到这方面的问题并采取了相关措施，但如何建立合理制度并避免"一刀切"这个问题，还在探索当中。

数据使用与数据安全、隐私保护之间的平衡并不是静态的，而是动态调整的，这要求相应制度也应动态变化。随着数据使用效率提高和使用方式愈加多元，各种新的由数据驱动的服务模式不断涌现，新的数据安全和隐私保护问题也会随之不断产生，因此还应建立数据制度的动态调整机制，在维护数据安全、保护个人隐私的前提下，充分发挥数据价值且提高社会总福利水平。显然，要建立这种具有自适应性的制度，需要一个过程，不可能一蹴而就。

2. 数据确权难

不同于劳动、土地、资本等传统生产要素，数据要素具有敏感性、可复制性，动态非竞争性，以及利益相关方多元等特征。由于数据要素有别于传统生产要素，且通常涉及多个利益相关者，如数据主体、数据管理者及使用者等，当前数据确权问题依然存在很多争议，对于如何建立数据确权相关制度仍然没有统一的认识。

数据确权作为数据产业链的第一个环节，是数据交易、流通乃至分配等环节的基础①②③。自党的十九届四中全会首次把数据列为五大生产要素之一以来，关于数据保护和利用的立法问题引起高度重视。《网络安全法》《民法典》《数据安全法》《个人信息保护法》等法律法规中对个人信息数据保护、个人信息处理者的行为进行了规定。其中，《数据安全法》还回应了数据交易市场的发展需求，提出"从事数据交易中介服务的机构在提供交易中介服务时，应当要求数据提供方说明数据来源，审核交易双方的身份，并留存审核、交易记录"。在地方，深圳市出台《深圳经济特区数据条例》④、浙江省出台《数字化改革、公共数据分类分级指南》⑤，对个人数据与公共数据进行区分，并为数据开放共享将公共数据分级。上述相关法规条例对保护个人数据权益和隐私安全起到一定作用，并没有解决数据权属界定不明晰的问题，数据的所有权、使用权及相关权利依然处在模糊地带。不只是我国，数据确权是一个全

---

①　Dosis A., Sand-Zantman W., The Ownership of Data, Available at SSRN 3420680, 2019.

②　申卫星：《论数据用益权》，《中国社会科学》2020 年第 11 期。

③　曾铮、王磊：《数据要素市场基础性制度：突出问题与构建思路》，《宏观经济研究》2021 年第 3 期。

④　深圳市政务服务数据管理局，见 http://www.sz.gov.cn/szzsj/gkmlpt/content/8/8935/post_8935483.html#19236。

⑤　浙江省市场监督管理局，见 http://zjamr.zj.gov.cn/art/2021/7/8/art_1229047334_59000831.html。

球性问题，世界各国目前均没有能够达成各界共识的数据确权方案并将其付诸实践。

数据产权不明晰，这直接导致数据交易缺乏明确法律依据，并且数据要素产生的收益也缺乏分配的根据。

3.建立数据市场交易市场制度和相应监管制度难

当前，数据要素的市场化还在探索之中，而目前并没有形成一套完善的制度体系去支持这种探索，主要原因是存在数据交易制度难以建立和数据要素交易监管难以协调的问题。

首先是数据交易制度不完善①。虽然我国已经在贵阳、北京、上海等地建立了多家以场内集中交易为主、交易对象主要为原始数据的数据交易所，但这种交易所模式总体上交易规模不大，无法满足大量场景需求，很难通过这种数据要素交易模式持续推进数据要素市场化。由于数据要素异质性和难以标准化等不利于进行大规模集中交易的特性，使得交易所模式很难取得成功。为了满足多样化应用场景需求，更好地促进数据要素交易流通，需要建立数据交易的场外交易制度。但数据要素的场外交易模式存在很大的数据安全和隐私泄露隐患，合规成本和监管成本较高。

其次，当前不仅数据要素交易市场制度有所欠缺，而且相应数据要素交易的监管制度也不完善。数据要素的市场监管存在的主要问题是各方在进行市场监管时难以协调。目前，我国对数据要素市场的监管缺乏一个统一的监管主体，多个监管主体间比较分散，缺乏联动机制，无法形成监管合力，监管实践中时常出现监管缺位、监管重复等问题，无法保障个人、企业或其他组织在数据交易中应该享有的权利。此外，若建立数据要素的场外交易模式，如何监管以及打击数据要素"黑市"也是一大问题。

作为一种全新的生产要素，数据要素的交易在未来的发展应当是多

① 杨艳、王理、廖祖君：《数据要素市场化配置与区域经济发展——基于数据交易平台的视角》，《社会科学研究》2021年第6期。

样化的。如何建立适合数据要素特征的数据要素市场交易制度和相应监管制度，破解数据要素交易的困局，实现对数据要素高效配置，是数据要素市场化的一大难点。

4.数据要素收益分配难

数据要素作为一种生产要素，在市场机制的作用下，其理应参与到收益分配环节中，由市场评价数据要素贡献，并按贡献决定数据要素应得的收益①。在市场经济条件下，数据要素的质量不同，取得的经济效益不同，所贡献的权重不同以及数据要素的供求关系不同，数据要素所取得的收益分配应不同。但当前关于数据要素收益分配方面存在以下几个无法回避的难点。

第一，数据要素产权存在争议。而数据要素产权是数据要素参与收入分配的基础，这直接影响到数据要素收益分配制度的确立。数据要素产生的经济收益到底该归属于生成原始数据的个人，还是归属于数据的收集者、加工者、使用者？目前并没有明确的界定，相关法律规章在这一问题上呈现出空白状态。虽然在司法实践中数据权益纠纷常常根据《合同法》《反不正当竞争法》《反垄断法》等相关规定去解决，但这些法律没有明确数据要素产权，也没有为数据要素收益的归属问题提供答案。

第二，数据要素收益很难确定。由于从数据要素市场上购买到的数据要素并非最终产品，它必须经过分析和处理用于改善业务流程或产品质量，才能最终实现收入增长，但其中数据要素所起的作用如何核算并量化，从财务或技术角度都难以做到，因此很难达成统一的、市场各方都认可的数据要素所带来的收益。

第三，难以确保数据要素收益公平。对当前一些互联网巨头的不正当竞争和数据垄断行为，由于其数据要素的垄断行为可能造成数据要素

---

① 杨铭鑫、王建冬、窦悦：《数字经济背景下数据要素参与收入分配的制度进路研究》，《电子政务》2022 年第 2 期。

收益分配市场不公平、扩大收入差距等问题，如何克服数据要素收益分配中的不公平需要给予充分考虑。其涉及多方利益的考量，因此成为数据要素收益分配中的一大难点。

5. 国际数据要素市场制度构建难

在经济全球化的大背景下，数据要素仅限于在一国之内流通显然难以发挥其最大价值。构建国际数据要素市场，加强国际间的数据要素交流与合作，让数据要素在全球流动并充分利用，显然能够增进各国人民的福祉[①]。相比他国，我国数字经济发展处于世界前列，数字化程度相对较高，参与国际数据要素市场建设，打通国家地区数据流动的障碍，将数据要素转化为国际竞争资源、国际发展资源对我国的有利影响不言而喻。

但参与全球数据要素市场，允许数据要素出境参与全球分配，同样面临着权衡数据安全和数据使用之间平衡的问题。当前，我国数据跨境合作机制和监管机制比较滞后，还没有形成具体细化的制度规制。2021年7月，国家网络安全审查办公室根据《网络安全审查办法》对"滴滴出行"在美上市实施了网络安全审查，说明我国已经开始重视数据出境引发的安全问题。总体来看，我国在解决数据国际化利用与数据安全之间的矛盾方面还处于起步阶段，关于数据要素国际化制度建设方面与数字经济高速发展态势不太匹配，相关政策国际化程度不高。

二、技术痛点

数据要素市场化离不开相关数据技术的提升，而当前需要的数据技术需要解决以下几个痛点。

1. 数据安全和隐私保护技术痛点

数据权利保护是数据要素市场化的一大难点。从技术上看，数据要

---

① 魏远山：《博弈论视角下跨境数据流动的问题与对策研究》，《西安交通大学学报》（社会科学版）2021 年第 5 期。

素在采集、传输、存储、应用过程中，由于其易于复制和修改的特点，如何确保所有权人对数据的控制权一直以来是一个技术难题，甚至演变成为数据安全领域的痛点问题，这使得数据要素在采集、加工、存储、交易、使用等过程中，无法确保数据要素所有权人对数据要素进行全生命周期的安全管控。另外，从事后监管的角度，如何在存储、交换、应用过程中有效管控数据要素也是一大技术难题，这涉及网络安全责任制的落实。

在防止个人隐私泄露方面，虽然隐私计算技术在应用方面已经取得了很大的发展，但依然存在一些问题难以解决[1][2]。第一，隐私计算技术的安全性存疑，技术上并没有达到完美。在实践中，多方安全计算、联邦学习和可信执行环境需要组合使用，市场上对隐私计算的安全性也存在一定的顾虑。第二，隐私计算的性能虽然目前已经基本可用，但其效率仍有很大的提升空间，而不使用这类算法的效率比使用这类算法的效率高几十到数万倍。第三，隐私计算技术在满足用户的多样化、个性化需求方面尚需进一步发展。除此之外，由于数据的分散性，由于隐私计算解决方案的提供商不同，导致采用不同隐私计算系统的数据需要很高的成本才能互联互通，不仅没能促进数据互联互通，反而形成了"数据孤岛"。如何解决这一问题，也需要在隐私计算的底层架构方面取得突破并达成共识。

2. 数据采集、加工、存储及处理技术痛点

面对爆发式增长的数据，数据的采集、加工、处理等性能需要大幅提升。数据要素市场化离不开原始数据的采集、加工和存储等环节，随着数字经济的深入发展，对于各种数据的处理能力与效率已成为促进数字经济更好更快发展的重要因素。从目前的情况来看，数据量已经大大

---

[1]　王思源、闫树：《隐私计算面临的挑战与发展趋势浅析》，《通信世界》2022年第2期。

[2]　曾坚朋、赵正、杜自然、洪博然：《数据流通场景下的统一隐私计算框架研究——基于深圳数据交易所的实践》，《数据分析与知识发现》2022年第6期。

超过了处理能力的上限，若数据处理技术仍然处于渐进式发展态势，必然导致数据处理能力的提升远远落后于指数增长数据量。所以，取得数据采集、加工、存储及处理等技术的重大突破势在必行。

　　3. 数据要素交易技术痛点

　　在数据要素交易方面，目前数据要素交易技术的链条还不够完善①。数据要素的供给、汇集和加工等并没有形成完善统一的技术标准，而且这些环节在各自发展过程中也存在和数据要素需求端相协调的问题。受制于各种因素，各种不好处理、难以直接利用的"脏数据"普遍存在，这些数据只有在清洗、分析后才能用于建立特定模型进而产生实际价值，在当前数据来源多元、数据结构不同的背景下，如何生产便于处理应用的数据要素，推进数据要素标准化，使数据要素能在不同企业、不同设备、不同系统上互联互通，建立统一的标准体系需要在数据科学和技术上取得突破并全面铺开落地。

　　在交易所进行数据要素交易时，由于大规模数据交易的技术手段尚不成熟，使得大规模交易受限，因此需要建立支持大规模数据交易的技术手段。相对于直接交易数据要素，数据要素产品和服务的交易模式可以有效规避数据安全问题，但是如何生成具有实际价值的数据产品和服务，需要现有数据技术取得很大发展才能对此提供有效支撑。

三、市场问题

　　当前，数据要素市场化建设尚处于起步阶段，数据要素市场供给侧结构性矛盾依然突出，供需结构不匹配、主体结构不平衡、层级结构不协调等问题，制约着数据要素市场功能的有效发挥。数据要素由于其独特性，其市场化交易远远不是传统商品市场的商品或要素交易这么简

---

① 王建冬：《"数据要素市场建设共性技术体系框架研究"专题序》，《数据分析与知识发现》2022 年第 1 期。

单，数据要素市场化在市场维度上存在以下问题。

1. 数据要素整合和标准化难

数据要素市场化难以快速发展的一大制约因素就是数据资源的整合和标准化困难 ①，这主要是由于数据自身的原因和市场主体的原因造成的。各种数据资源若不能充分整合汇聚，数据要素市场化交易就成了无米之炊，数据要素市场化就无从谈起。

一方面，由于数据要素门类众多，来源广泛繁杂，即便聚焦在特定领域也存在诸多细分领域，建立将不同领域的数据要素整合和标准化的统一标准十分困难，并且由于新技术新应用的出现，这种统一标准也应不断更新。除此之外，当前存在数据资源整体质量不高，大量原始数据没有整理的问题，同样会给数据要素的整合和标准化带来诸多困难。

另一方面，不同领域的数据要素一般掌握在不同的市场主体手中，即使在同一领域，有时也存在多个相互竞争的市场主体，由于市场主体众多，造成了数据格式不统一的局面。除此之外，阻碍数据要素整合并且标准化最大的问题是一些市场主体数据分享意愿不强，这主要是指垄断海量数据的互联网巨头不愿意向缺乏数据的中小企业提供数据。除了出于自身利益考虑的互联网和其他企业，政府机构和其他组织也存在数据资源分布割裂，"孤岛"现象严重的问题，深入推进数据整合和标准化过程中需要让各市场主体达成共识，此中协商、操作都存在困难。

正是由于这两方面的原因，使得全面、大规模地数据互联共享难以实现，数据要素整合和标准化难以推进，数据流通不畅，从而数据要素市场化进程受阻形成常态。

2. 数据要素定价难

数据要素既有劳动、资本等传统生产要素所具有的一般性特征，如

---

① 安小米、许济沧、王丽丽等：《国际标准中的数据治理：概念、视角及其标准化协同路径》，《中国图书馆学报》2021 年第 5 期。

要素需求的引致性和相互依赖性，还具有不同于传统生产要素的非竞争性、规模报酬递增、可再生、可复制共享性、无形资产性、高度异质性和不可替代性等经济技术特征。正是因为这些不同于传统生产要素的特征，导致数据要素定价远比传统生产要素定价复杂。

第一，数据要素定价存在"阿罗悖论"问题①②。这是因为数据要素与一般生产要素相比，其具有难以评估的性质，买方在购买前因为不了解该数据要素的价值，而买方一旦在评估过程中获得了想要的信息，可能就不会购买该数据要素，因而不易将其市场化。由于数据要素"阿罗悖论"的存在，很难在使用数据要素前对其作出合理的定价，而解决这一问题需要数据要素的买卖双方建立信任，从而增加了交易成本，使得数据要素市场化的难度增加。

第二，生产数据要素的成本和其取得的收益难以量化。一方面，不同数据要素的生成方式各不相同，采集方式也多种多样，获取难易程度也不易量化，而且数据要素内蕴含的价值与数据的生成方式通常没有直接关联，数据要素的价格若按照生产投入成本进行计算很难合理；另一方面，从数据要素市场上购买的数据要素并非最终产品，它必须经过分析和处理用于改善业务流程或产品质量，最终实现收入增长，但其中数

---

① 张明：《阿罗悖论的起源及其在实践中的应用》，《浙江大学学报》（人文社会科学版）1999 年第 3 期。

② 阿罗悖论（Arrow Paradox），又称阿罗不可能定理（Arrow's impossible theorem），是由 1972 年诺贝尔经济学奖获得者之一肯尼斯·约瑟夫·阿罗（Kenneth J.Arrow）首先陈述和证明的。具体内容如下：假如有一个非常民主的群体，或者说是一个希望在民主基础上做出自己所有决策的社会，其群体中每一个成员的要求都是同等重要的。一般，对于最应该做的事情，每一个成员都有自己的偏好。为了决策，要建立一个公正而一致的程序，把个体偏好结合起来，达成某种共识。先要进一步假设群体中的每一个成员都能够按自己的偏好对所需要的各种选择进行排序，再对所有排序汇聚就是群体的排序。即"将每个个体表达的先后次序综合成整个群体的偏好次序"。经过详细研究论证，阿罗得出一个惊人结论：上述的意愿绝大多数情况下是——不可能的！

据所起的作用如何核算并量化，从财务或技术角度都难以做到，试图从收益的角度为数据要素定价同样困难重重。

第三，数据要素的价值很大程度上由其使用者决定。不光数据要素如此，传统的生产要素放在不同的人手中，其能产生的效果或作用一般而言是不同的，但数据要素的这一特点更加鲜明，对某些使用者有很大作用的数据，可能对另外一些使用者价值寥寥，因此在数据要素的市场化过程中，如何给数据要素进行合理定价是一个相当棘手的问题。

第四，数据要素的异质性。如前所述，由于数据要素来源十分广泛，涉及领域众多，而由于数据要素的可复制性，每一单位的数据要素都是独特的，要给涉及领域众多、每一单位都是独特的数据要素定价，且不谈所定价格是否合理，仅从巨大工作量上讲，也会增加数据要素市场化的成本。

正是由于上述原因，数据要素市场化不可回避的数据要素定价问题一直悬而未决，没有找到各方都认可的解决方案。

3. 数据要素市场活力不足

除了完善的制度和先进的技术，数据要素市场化程度最终还是要取决于数据相关产业的发展①。数据相关产业的发展有助于数据要素买卖双方获得更多切实的经济利益，增强交易主体参与数据要素交易的积极性，最终提高数据要素市场的活跃程度。然而，当前对数据要素价值的挖掘并不充分，我国数据资源应用服务产业不强，优秀数据服务企业不够多也不够强，数据要素在新产业、业态和模式中作用没有被明显发挥，新一代数据商业化模式和行业解决方案还需要着力培育，这种现状导致数据要素的购买者数量不多，市场上对数据要素的需求不强，数据要素市场整体活力不足。改变这种局面不可能一蹴而就，需要循序渐进。要引领数据相关产业快速发展，通过数据应用模式的丰富使数据要

---

① 熊伟、张磊、杨琴：《"十四五"时期数字要素市场构建的实施短板与创新路径》，《新疆社会科学》2022 年第 1 期。

素购买者能够从数据要素中挖掘更多价值，从而逐步提高其购买数据要素的积极性，进而刺激整个市场对数据要素的需求。对于数据提供者，数据要素需求的增长会促使其增加数据要素的供给，与此同时，还需要引领数据提供者进入数据要素产业生态，与生态内的其他参与者一起，共同发掘新的价值与商机，逐步解决不同领域间的"数据孤岛"问题和"野生数据"开发不够的问题。

第四节　小结

数据要素市场化是一项复杂的系统工程，其当前在制度、技术和市场维度均面临平衡数据保护和使用、数据确权、数据技术有待提升、数据资产定价、激发数据市场活力等十分棘手和颇有争议的问题，并且这三个维度的问题互相交织在一起，因此破解数据要素市场化困局也要从全局出发，综合施策，在制度、技术、市场三方面同步协调发力，才能让数据要素通过市场手段安全且高效地流通起来，产生更大的经济价值。除此之外，破解数据要素市场化的问题还需着力构建数据行业道德秩序，软硬结合，才能让数据要素市场化从行稳致远，从起步迈向成熟。

第五章　推动数据要素市场化建设的可行路径与顶层设计

推动数据要素市场化是一项复杂的工程，需要多方参与、协同建设。本章基于上文研究基础提出推动数据要素市场化建设的"四梁八柱"。其中，"梁"是指培育数据生态，"柱"是指支撑数据生态可持续健康发展的"三位一体"架构。

第一节　培育数据生态

一、数据生态的定义

数据产业从数据授权到数据消费，不仅涉及要素全流程、产业链全环节，还需要各方主体积极配合，协同实现数据产业价值。相对于传统供应链结构，数据市场特征更加复杂、动态，逐渐呈现出商业生态系统的特征，即产业结构往往采取一种更加复杂和动态的形式（Parker 等，2017）[①]，生态系统中利益相关主体之间将发生更加高频的互动与合作，（Banalieva 等，2019）[②]，相关主体关系也因为大量潜在互补性而得到了

[①]　Parker G., van Alstyne M., Jiang X., Platform Ecosystems: How Developers Invert the Firm, *Mis Quarterly,* Vol. 41, No.1, 2017.

[②]　Banalieva E. R., Dhanaraj C., Internalization theory for the Digital Economy, *Journal of International Business Studies*, Vol. 50, No.8, 2019.

拓展（Rong 等, 2013①；Verbeke 和 Hutzschenreuter，2020②）。

　　根据前文商业生态理论，将数据生态定义为：围绕数据产业发生交互的各类组织、企业和个人共同支撑的一个数据产业共同体。数据生态中的成员囊括政府、行业协会、供应商、主要生产商、竞争对手、客户等一系列利益相关者（Stakeholders），这些生态伙伴在整个生态共同演化（Co-Evolve）中，分享愿景，发展解决方案，相互建立信任，从而形成命运共同体；而生态的核心企业将在整个过程中起到关键的主导、协调和促进作用。

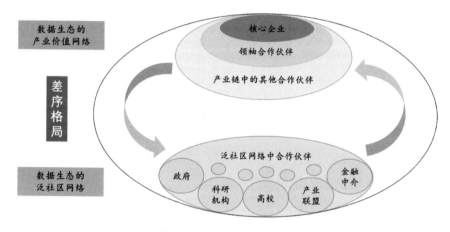

图 5-1　数据生态的差序格局

二、数据生态的解构

　　根据数据生态的定义，数据生态的构建已经不再是一家企业可以独自完成的模式，必须引入生态合作伙伴的概念来解构数据生态。基于

①　Rong K., Shi Y. and Yu J., Nurturing Business Ecosystem to Deal with Industry Uncertainties, *Industrial Management & Data Systems*, Vol. 133, No.3. 2013.

②　Verbeke A., Hutzschenreuter T., The Dark Side of Digital Globalization, *Academy of Management Perspectives*, Vol. 35, No.4, 2020.

"商业生态理论"（Rong 和 Shi，2014）①，数据生态中的全部生态合作伙伴，可用一种差序格局的视角划分为产业价值网络和泛社区网络两大类，两类网络随着产业发展动态迭代演化。因此，数据生态的结构也包括数据产业价值网络和数据泛社区网络两大结构。

　　第一部分是数据产业价值网络，即企业为实现数据产业价值而建立的直接合作伙伴系统。根据数据产业价值链，凡是参与数据授权、采集、归集、存储、加工、要素交易、生产、产品交易消费等核心价值创造过程的所有合作伙伴均在产业价值网络里面，根据其在数据产业价值网络中的地位可分为核心企业、领袖合作伙伴、产业链中的其他合作伙伴。其中，核心企业是指提出构建数据产业价值网络的企业，领袖合作伙伴主要是指数据产业中处于优势领导地位或者具备优秀发展前景的企业，产业链中的其他合作伙伴则是指其他连接到核心企业所构建的数据产业价值网络中的各类企业。

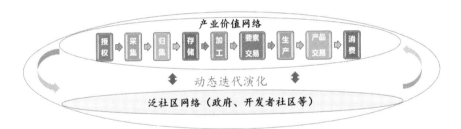

图 5–2　数据生态的解构

　　第二部分是数据泛社区网络，即企业为实现数据产业的未来价值而需要的潜在合作伙伴以及所有支撑企业实现产业价值、但又不直接创造产业价值的间接合作伙伴。数据泛社区网络主体主要包括各类为数据产业价值发展提供支撑的社会资源池，比如政府、科研机构、高校、产业联盟、金融中介等。泛社区网络的核心特征是当前没有参与企业的价值

---

① Rong K., Shi Y., *Business Ecosystems: Constructs, Configuration and Nurturing Process*, London: Palgrave Macmillan, 2014.

创造过程。

　　根据数据产业发展现状和数据生态构建情况，当聚焦数据产业价值网络时，更多考虑数据生态中数据产业价值网络内的各类主体的连接，而当考察整个数据生态时，还需进一步考虑泛社区网络中各类合作伙伴带来的影响。

　　1. 数据产业价值网络

　　数据产业价值链包括数据授权、采集、归集、存储、加工、要素交易、生产、产品交易、消费等核心环节。其中，数据授权、采集、归集涉及所有产生、采集和归集数据的主体，产生数据的主体包括政府、企业、平台、个人等，采集和归集数据的主体包括政府、企业、平台等；数据存储和加工涉及的主体主要包括各类基于数据资源开发数据要素和产品的政府、企业和平台；数据交易主要以市场机制决定价格和交易方式，交易涉及的主体主要包括不同类型数据要素的供给者和需求者；数据消费涉及的主体包括政府、企业、平台、个人等。

　　为满足某些特殊场景需求，一些企业和平台还会将数据要素和产品进行再加工，从而延长了数据产业链和价值链，衍生出数据产业的新产业、新分工、新市场、新模式、新财富，也扩展了数据产业价值网络的主体范围。

图 5-3　数据产业价值链

　　2. 数据泛社区网络

　　数据泛社区网络主体则囊括了没有直接参与数据价值创造，但是却有助于数据要素实现价值的各类主体，主要包括两类。第一类为实现未来产业价值而需要的潜在合作伙伴，当前不参与价值创造过程，如一些暂时难以采集、交易和利用数据领域的企业，虽然当前无法参与数据产业价值创造，但未来具有价值创造的前景；第二类是所有支撑企业实现产业价值，但又不直接创造产业价值的间接合作伙伴，比如，政府可以通过相关的法律法规规范整个数据价值链中的各个环节，让数据要素市场更加规范化发展；产业联盟、评级机构可以帮助制定数据要素市场的标准，甚至一些亟待数字化转型的传统企业也可以对数据价值链起到一定的纠偏作用。

3. 数据产业价值网络与数据泛社区网络的动态迭代演化

在数据生态中，随着新场景和商业模式的开发，泛社区网络主体有可能进入数据价值链之中。而有些数据价值链中的主体也可能因为商业模式的不可持续转化为泛社区网络主体，最终起到支撑数据价值链的作用。这种动态迭代演化的过程可以更好地激发数据要素市场的活力，及时淘汰不合理的商业模式和制度设计，最终摸索出兼顾经济效率和治理规范的数据要素市场最终形态。

在有些场景下，数据的直接交易不可行，基于直接交易而形成的交易中心面临退出数据价值链或者进行调整革新的倒逼机制。在这一过程中，为直接交易而设立的交易中心一方面可以进入泛社区网络之中，为其他类型的数据交易中心提供经验支撑；另一方面也可以加快调整，往隐私计算交易中心层面进行革新，直至出现一个既符合市场规律，又能起到监管治理的交易中心，充分发挥市场机制作用。在数据生态下，参与主体的明确和市场活力的激发最终可以帮助形成一个经济效益高、监管体系强的数据要素市场，为后续数据要素市场的收益分配奠定基础，也是数字经济高质量发展的自我革新、提高韧性的进化路径。

三、数据生态的要素支撑结构

根据前文定义，数据是以电子方式对信息的记录。由于信息既来自自然界，也来自人类活动，因此数据也来自自然界和人类活动两方面。

然而，数据并不会自动归集起来供人类调用，而是需要经过采集、归集、存储、加工等一系列流程才能演变为可使用的要素。因此，数据生态的要素支撑结构就是数据要素的来源渠道和转化方法。

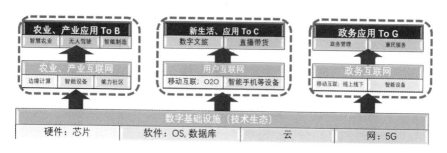

图 5-4　数据生态的要素支撑结构

1. 数字基础设施

数据的获取需要构建具有采集、归集、存储、加工、生产、流通等功能的数字基础设施。具体而言，数字基础设施包括"硬、软、云、网"等部分。其中，硬件主要指芯片、传感器、控制板、显示屏等物理装置，主要功能是为软件运行提供物质基础；软件主要指操作系统、数据库等程序、数据和文档，主要是实现数据采集、归集、加工、生产、流通等功能；云计算是分布式计算的一种，主要功能是提高运算能力和效率；网络主要指各种通信链路，如 5G 等，主要功能是实现人与人、人与物、物与物的沟通。

2. 数据的来源

数据的来源可以分为 To B 端、To C 端、To G 端三条渠道。其中，To B 端数据主要基于工业互联网（或产业互联网）采集和生成，并随着产业数字化的普及，数据量不断增加和迭代；To C 端数据主要基于用户互联网采集和生成，并随着新的经济形态、新的应用涌现，数据量不断增加和迭代；To G 端数据主要基于政务服务采集和生成，并随着各类服务的拓展和深入，数据量不断增加和迭代。

根据国际数据公司（IDC）对全球数据规模的预测，2018 年全球数据量约为 33ZB，到 2025 年全球数据可达 175ZB[①]，其中有超过一半（90ZB）来自物联网设备[②]，这意味着未来大量的数据将来自 To B 端的工业互联网。中国具有天然的大数据规模优势，生产生活场景丰富，工业特别是制造业完备，数字技术和经济社会的交互将迅速推动数据生成和应用。根据 IDC 的预测，随着互联网用户的增加和数字基础设施普及速度的提升，中国将成为数据量增长最快地区，预计每年将以 30% 的增速提升，从 2018 年的 7.6ZB（约占全球比重 23.4%）增长至 2025 年的 48.6ZB（约占全球比重 27.8%），并在 2025 年成为全球最大的数据区域[③]。可见，数据获取量主要与接入互联网的人数和数字基础设施建设水平相关。

第二节　构建数据要素市场化的"三位一体"支撑架构

前面提到，数据要素市场化同时面临着制度、技术和市场三个维度的问题，且这三个维度所面临的问题互相交织，因此破解数据要素市场化的现实问题不仅需要在这三个维度单独发力，同时也应该彼此配合协调，形成数据要素市场化"三位一体"的支撑架构。

一、制度设计

在制度维度，需要从以下几个方面破解问题。

第一，建立严格适度的数据保护制度，在确保数据安全和隐私保护的同时，最大限度地发挥数据的价值。由于数据来源领域不同，涉及的数据主体也分为企业、个人、政府机构及其他组织，并且不同类型数据

[①]　1ZB= 十万亿亿字节。

[②]　IDC：《数字化世界——从边缘到核心》，2018 年 11 月。

[③]　IDC：《2025 年中国将拥有全球最大的数据圈》，2019 年 1 月。

泄露产生的危害后果也不一样，因此建立数据保护制度时，需要充分考虑不同数据的异质性，在对数据进行分级分类的基础上平衡数据的使用和保护。另外，建立数据保护制度的动态调整机制，根据数据技术和数据市场的变化情况，相应调整数据保护制度。

第二，明确数据权属。产权明晰是数据要素进行市场化交易、进行数据收益分配的根本依据。目前中国学者申卫星提出将"数据所有权与使用权相分离"的数据确权方案，对涉及个人的数据，个人拥有所有权，而数据收集方在得到授权后拥有这些数据的使用权，这是一种较切合实际情况的数据确权方案。本书认为，可基于数据的生成场景，在数据授权的过程中通过签署相关协议完成数据权属的确定，该方案具有切实可行、高效的特点，可在此基础上探索更为完善、更具体的数据确权方案。除此之外，中科院计算所研究员李晓东（2022）则提出以数据的多利益主体约束和权属可分割属性为核心，构建数据产权的权利束模型①。

第三，建立数据市场交易制度和相应监管制度。由于数据要素和传统生产要素有着本质的区别，因此采用和传统生产要素完全一样的市场交易制度显然很难成功，目前正在探索中的大数据交易所是一条可行的路径，因为其可能提供有效可行的机制用于保护数据买卖双方的利益。关于数据要素市场监管制度，主要是目前存在多头管理，各部门难以协调的问题，因此要逐步探索出一种统一监管的制度。

第四，参与构建统一的国际数据要素市场制度。要想参与构建统一的国际数据要素市场制度，增加我国在国际数据要素市场的话语权，首先需要建设好国内的数据要素相关制度，形成"中国方案"，然后向全球数据要素市场推广"中国方案"，促进形成全球统一的国际数据要素市场，并使得我国在这一国际市场中具有相当的话语权。

---

① 李晓东：《数据的产权配置与实现路径》，人民论坛网，2022 年 1 月 24 日，见 http://www.rmlt.com.cn/2022/0124/638502.shtml。

二、技术研发

在技术维度，需要加大科研攻关和研发力度，着力解决如下的技术痛点。

第一，解决数据安全和隐私保护技术痛点。目前已有的数据安全和隐私保护技术尚不能很好地解决数据安全和隐私保护，无论在安全性上还是在效率上仍然还有很大的提升空间。因此，需要加大力度对现有算法进行优化和升级，提高其效率，使得在保证数据安全的情况下带来的效率损失在可接受的范围内。

第二，解决数据采集、加工、存储及处理技术痛点。当前，数据的采集、加工、存储和处理面临的主要问题是数据量增长的速度远远大于处理能力增长的速度，在此背景下，需要各个相关领域的科研技术人员集中攻关，解决这一问题。另外，对于存在可能的新技术形式，还需要加大相关基础科学的研究，探索更先进的数据存储和处理技术，例如目前还处于实验室阶段的量子计算技术。

第三，解决数据交易技术痛点。在数据交易方面，如何保证交易的安全性是一个很大的问题，需要这方面的技术取得突破。从目前看来，可以发展区块链技术和数据保密传输技术相结合的数据交易技术，不仅能保证数据交易记录不被篡改，还能够保证数据在传输过程中不被泄露。

数据要素市场化所涉及的数据技术并不是分割的，而是一个相互联系的有机整体，因此在技术研发和落地过程中，需要着重考虑数据技术协调和统一问题。中科院计算所研究员李晓东认为，可构建以数据交换为核心的数据标识及确权系统，支持数据产权配置的理念和政策落地[1]。李晓东所提出的技术系统包含三大特性：一是统一标识管理，二是元数据和数据源分离以确保数据访问权限受控，三是数据安全互操作，身份

---

[1] 李晓东：《数据的产权配置与实现路径》，人民论坛网，2022 年 1 月 24 日，见 http://www.rmlt.com.cn/2022/0124/638502.shtml。

认证、内容确权、访问控制等信息上链，授权行为过程通过智能合约自动处理，并依托隐私计算技术提供敏感数据的多方安全处理机制。

三、市场建设

在数据要素市场建设维度，要从以下几个方面同步协调发力。

第一，将数据要素整合并标准化形成能够直接进行交易的数据要素商品。要使数据要素能够在市场上顺畅地交易、流通以及使用，将数据要素整合并标准化是一个艰难但可行的路径。尽管数据来源多元，格式不统一，但可以在现有条件下尽量整合并且标准化，这个过程虽然渐进向前发展且不可能一蹴而就，但随着相关制度、技术和人们认识水平的发展，数据要素整合和标准化的难题会得到逐步解决，从而有利于数据要素在市场上顺畅流通。

第二，数据要素定价。虽然数据要素来源广泛，并且由于其特性带来的易于复制和存在的"阿罗悖论"问题，但可以采用例如拍卖、撮合成交等各种方式对数据要素进行定价，针对特定领域和交易标的，采用不同的定价方式。另外，还可以采取创新方式对数据要素进行定价，例如通过建立金融工具的方式保障数据购买者的利益。

第三，激活数据要素市场。一个充满生机活力的数据要素市场离不开大批量的数据购买者和数据提供者，这需要培育提供数据服务的各类企业，特别是国际数据服务大型企业，以及鼓励和引导各种基于数据的新业态、新商业模式。数据要素的需求增加后，数据要素提供商的积极性就增加了，这样就能逐步建立一个繁荣的数据要素市场。

第三节　小结

数据要素市场化是一项复杂长期的系统工程，破解数据要素市场化困境必须采用系统思维，从整体出发，在制度、技术、市场三方面同步协调发力，构建数据要素市场化"三位一体"的支撑体系。从目前看来，尚存在不少难点和痛点，但这些问题并非无解，循序渐进、持之以恒地一点点推动终能夯实数据要素市场的基石。在此基础上还需着力打造数据要素市场软环境，推动数据要素市场道德秩序建设，软硬兼施才能真正建立一个活跃繁荣的数据要素市场，为我国数字经济发展增添新动能，助力我国经济高质量发展和实现共同富裕。

第六章　构建安全高效的数据市场体系

前文提到，数据要素市场化是一项复杂长期的系统工程，需要数据要素市场化"三位一体"的体系。本章将主要探讨"三位一体"中的数据市场部分的系列问题。本部分共四节，围绕数据要素市场的关键环节展开，分别介绍数据确权授权、数据定价、数据交易、数据市场监管，从各个环节入手构建安全高效的数据市场体系。本章发现构建分类分级数据授权体系是数据确权的一种可行路径。数据生产要素的价格主要应该由数据生产要素的价值和市场供需共同决定。基于数据市场的基本逻辑和原则，需要从交易内容和交易模式两大维度出发，打造"多层次、多样化"的数据市场交易体系。针对全流程数据产业链、不同场景的数据交易市场，应建立相应的分类分级市场监管体系。

第一节　数据确权授权

一、数据要素确权的现实背景

数据要素确权是数据进行后续流通和交易的基础[①]。从国民经济发

[①]　Dosis Anastasios, Wilfried Sand-Zantman, The Ownership of Data, *The Journal of Law, Economics, and Organization*, Ewacoo, 2022；申卫星：《论数据用益权》，《中国社会科学》2020 年第 11 期；曾铮、王磊：《数据要素市场基础性制度：突出问题与构建思路》，《宏观经济研究》2021 年第 3 期。

展的历程来看，要素权属的重要性不言而喻。改革开放以来，生产要素的市场化改革为中国经济的发展作出重要贡献①，要素市场的扭曲会阻碍经济的进一步发展②。要素的确权是一个要素市场得以健全运行的基础，我国很多的法律法规③保障了各类生产要素能合理、合法地进入生产活动并获取报酬。在现阶段，数据要素的权属问题正在成为阻碍数字经济进一步发展的瓶颈，因此数据确权已经成为整个数据要素市场发展中亟待解决的重要问题。

数据确权的重要性直接体现在，当前数据要素市场中很多不合理的现象是直接由数据确权不明确所导致的。比如，互联网平台在收集、运用数据的过程中存在大量不规范行为。早在 2018 年，中国消费者协会就对 100 款 APP 进行测评，结果显示超九成 APP 涉嫌过度收集用户个人信息④，还有部分 APP 存在账号注册容易注销难的现象⑤，导致用户无法在互联网平台上清除自身的数据。再比如，数据权属不明确导致的数据要素后续的流通和交易面临障碍。数据的流通有助于数据本身发挥更大的价值⑥，如果无法对用户在互联网平台上产生或者授权的数据进行确权，数据要素在很多情况下可能无法以较低的交易成本流向其最能发挥价值的地方。而根据科斯定理，在交易成本很高的情况下，

---

① 袁志刚：《深化要素市场改革创新对外开放模式》，《经济研究》2013 年第 2 期。

② 谭洪波：《中国要素市场扭曲存在工业偏向吗？——基于中国省级面板数据的实证研究》，《管理世界》2015 年第 12 期。

③ 比如，《中华人民共和国土地管理法》规定了土地的所有权及利用法则，《中华人民共和国劳动法》则保护劳动者的合法权益，等等。

④ 《中消协发布 100 款 APP 测评结果超九成 APP 涉嫌过度收集个人信息》，新华网，2018 年 11 月 29 日，见 http://www.xinhuanet.com/fortune/2018-11/29/c_1123781596.htm。

⑤ 《APP 账号注册容易注销难　工信部：经营者应提供注销服务》，新华网，2018 年 6 月 24 日，见 http://www.xinhuanet.com/legal/2018-06/24/c_1123026386.htm。

⑥ Fernandez, Raul Castro, Pranav Subramaniam, Michael J. Franklin, Data Market Platforms: Trading data Assets to Solve Data Problems, *AarXiv*, 2020.

数据要素确权不当会影响资源的配置并损害社会福利①。可见，数据要素的权属不清造成的影响贯穿整个数据要素流通链条，确权不合理很可能会降低整个数据要素市场的资源配置效率，进而损害用户的社会福利。

目前有一些市场主体进行了数据确权的尝试，不过依然没有很好地解决确权问题。2016年4月，贵阳大数据交易所推出大数据登记确权结算服务，2016年9月，贵阳大数据交易所又发布了《数据确权暂行管理办法》，进一步促进数据确权。如图6-1所示，贵阳大数据交易所的数据确权服务主要通过交易所的数据平台实现。2017年12月，浙江大数据交易中心发布了全新版大数据确权平台，该平台既可以保证数据所有权人的权益，又为数据存储者建立数据银行。但是，很多企业对数据交易所（中心）确权服务的认可度不高，原因在于数据交易所进行的确权没有足够的法律效应和权威性②。

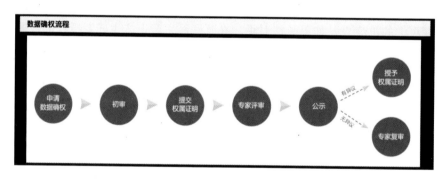

图 6-1　贵阳大数据交易所官网的数据确权流程

尽管数据确权非常重要，但是目前有关数据的确权问题在学术界并没有达成一致。目前，解决数据确权问题的主要思路是，数字平台上所

①　Coase, Ronald H., The Problem of Social Cost, *Journal of Law and Economics*, Vol. 3, 1960.

②　李慧琪、程姝雯：《大数据交易行业重启与困局：法律的不确定性和难以定价的数据》，见 https://www.sohu.com/a/417118241_161795。

产生的数据，其权属需要在用户和数字平台之间进行清晰的界定。一些学者基于这一逻辑，试图对数据的确权提出一个统一的标准①。但是，由于不同数字平台应用场景下，数据衍生的权利可能存在差异性，且用户和数字平台各自在多少程度上拥有数据所衍生的各项权利也存在很大的差异性，因此很难用一个统一的标准去对所有应用场景下的数据权属进行清晰的界定。

鉴于此，本章提出一种解决数据要素确权问题的新思路。本章认为，可以让用户和数字平台围绕着数字经济的生产活动进行市场化的数据分级授权。鉴于数字经济的实践，数字平台对数据的基本诉求是能够让数据要素合法地进入数字经济的生产活动之中，而数据所体现的与生产活动不相关的权利并不是数字平台关注的重点。因此在这一数据分级授权的新思路下，用户不再需要考虑数据衍生的具体权利有哪些，只需考虑数据能在何种程度上进入数字平台的生产活动之中。而事实上，针对数据进行分级的逻辑在一些最新的政策文件中也有过探索。比如浙江省市场监管局批准发布的《数字化改革公共数据分类分级指南》②也提到，需要对公共数据的敏感程度进行从 L1 到 L4 的数据分级，从而促进公共数据进一步的共享开放和增值利用。但是这类的文件更多的是基于数据的敏感程度外生地提出分级标准，而不是基于数据要素市场本身内生地去决定数据分级。

当前，不论是在学术层面还是在政策层面，有关数据要素市场的分级授权体系的研究仍然存在很大的空间。因此，本章通过构建经济学模型，论证了数据要素的分级授权新思路对数据要素市场带来的影响。

---

① Dosis Anastasios, Wilfried Sand-Zantman, The Ownership of Data, *The Journal of Law, Economics, and Organization*, Ewacoo, 2022；申卫星：《论数据用益权》，《中国社会科学》2020 年第 11 期。

② 《数字化改革公共数据分类分级指南》，见 http://zjamr.zj.gov.cn/module/download/downfile.jsp?classid=-1&filename=2107091026421907102.pdf。

二、数据要素确权的理论背景

尽管数据要素已经在数字经济的生产活动中扮演关键角色，但是数据要素上述的一些特征让数据的确权面临更加复杂的困难。当前互联网平台所收集的数据主要为个人数据，个人数据（personal data）不等同于个人信息（personal information），但是个人数据能够体现个人信息，两者存在被混淆使用的情况。由此造成的后果便是，个人数据体现的个人信息可以被认为是一类人格权的客体，而客观存在的个人数据又可以被认为是一种财产权的客体，个人数据兼具人格权和财产权的属性让数据要素的确权变得更加复杂[1]。

数据要素兼具人格权和财产权的特征会极大地增大数据要素市场的交易成本，主要可以体现在以下三个方面：第一，要素定价需要同时考虑人格权和财产权。《民法典》规定人格权不得转让，但是可以许可他人使用，因此获得个人用户的许可或授权是互联网企业收集个人数据的前提。于是，数据要素市场中要素的数据价格既需要反映个人数据财产权相关权益转让的价格，也需要考虑其中包含的个人信息人格权许可的价格。第二，数据要素具备人格权会致使禀赋效应[2]的出现。禀赋效应是指用户对自身的个人数据拥有比互联网平台企业更高的价值评价，且这种评价具有异质性，导致就算数据确权明晰的情况下互联网平台企业也可能需要和每一类用户进行谈判。第三，数据要素的规模报酬递增、非竞争性等特征[3]容易导致数据垄断。用户手中单一、少量的数据可能并不具备很高的价值，但是互联网平台企业收集起来的大规模的

---

[1] 申卫星：《论数据用益权》，《中国社会科学》2020 年第 11 期。

[2] Thaler Richard, Toward a Positive Theory of Consumer Choice, *Journal of Economic Behavior & Organization,* Vol. 1, 1980.

[3] Romer, Paul M., Endogenous Technological Change, *Journal of Political Economy*, Vol. 98, No.5 1990; Veldkamp, Laura, Cindy Chung, Data and the Aggregate Economy, *Journal of Economic Literature*, 2019.

数据却能产生很高的价值。在这种情况下，互联网平台企业可以通过低价甚至是免费的方式收集到用户的数据，同时这些企业又不愿意将收集到的数据进行分享。久而久之便会造成数据垄断，阻碍数据要素进一步的流通①。通过科斯定理可知，数据要素市场在交易成本很高的情况下，数据要素确权不恰当会影响资源的配置并损害社会福利②。

鉴于数据要素确权所面临的问题以及确权不清晰会导致的后果，目前学者主要从两个方面探讨数据所衍生出的各类权利的确权问题。

第一，偏重财产权，设计二元权利结构。经济学研究中，Dosis 和 Sand-Zantman（2019）曾经通过建模分析了数据所有权的归属问题，认为当数据生成市场更重要时，用户应该拥有数据；当数据使用市场更重要时，企业应该拥有数据③。法学层面，申卫星（2020）不仅考虑了数据所有权，而且指出了用益权问题，并尝试性地提出了数据所有权与用益权的二元权利结构的可行方案。申卫星（2020）提出数据原发者拥有数据所有权，数据处理者拥有数据用益权④。这一做法在理论上是可行的，但是在实际操作过程中不可避免地需要数据处理者或者数据生产者与用户进行谈判，以确定获取用户多少数据、给予用户多少份额的数据收益等问题。

第二，不区分人格权和财产权，提出新的确权体系。比如，Varian（2018）认为，数据所有权的提法更适用于竞争性物品，而数据接入权（data access）的提法更适用于非竞争性物品⑤。因为用户将个人数据出

---

① 熊巧琴、汤珂：《数据要素的界权、交易和定价研究进展》，《经济学动态》2021年第 2 期。

② Coase, Ronald H., The Problem of Social cost, *Journal of Law and Economics*, No.3, 1960.

③ Dosis, Anastasios, Wilfried Sand-Zantman, The Ownership of Data. Available at SSRN 3420680（2019）.

④ 申卫星：《论数据用益权》，《中国社会科学》2020 年第 11 期。

⑤ Varian H., Artificial Intelligence, Economics, and Industrial Organization, *NBER Working Paper*, No.24839, 2018.

售给互联网平台企业的交易方式在实践中并不多见，更多的则是平台企业向用户请求数据使用的许可。但是，这样的做法往往无法规避互联网平台企业过度收集数据，很多情况下平台企业会向用户请求远超其提供的数字服务所需的数据许可。此外，还有一种说法是将数据市场看成是一种共享经济市场①，如果把共享经济中的物品看待成一类拟公共物品，那么除了区分共享物品的所有权和使用权，有研究同样提出了类似的接入权，并把共享经济称为接入经济（access economy）②③。但是这种提法的前提就假设了数据是全社会共有的，虽然交易成本由此降低，但是并不一定适用于用户层面。

　　总体而言，目前对数据确权的研究，思路仍然是基于数据的基本属性，探讨数据衍生出来的各种权利如何在用户和数字平台之间进行合理地划分。本章认为，沿着这一研究思路可能并不能提出一个合理、统一的数据确权标准，反而需要针对不同的应用场景进行不同的确权探讨，不利于降低数据要素市场的交易成本。因此，本章提出了通过数据分级授权体系来解决数据要素确权的新思路。具体而言，针对用户在平台上所产生的各种类型的数据，由用户和数字平台以市场化地方式达成不同层级的数据授权协议，以便让平台基于这一协议不同程度地使用数据要素进行数字经济相关的生产活动。这一数据分级授权协议的好处一方面在于，数字平台无需考虑平台上数据衍生出的各类复杂权利及相关权属问题，可以直接通过市场化的授权协议，合理、合法使用数据要素；另

---

①　Richter, Heiko, Peter R. Slowinski, The data Sharing Economy: on the Emergence of New Intermediaries, *IIC-International Review of Intellectual Property and Competition Law*, Vol. 50, 2019.

②　Eckhardt G. M., Bardhi F., The Sharing Economy isn't About Sharing at all, *Harvard Business Review,* 2015.

③　Rong, Ke et al., Matching as Service Provision of Sharing Economy Platforms: An Information Processing Perspective, *Technological Forecasting and Social Change*, Vol. 171, 2021.

一方面在于，可以在源头上解决数据要素的确权问题，打通整个数据产业链，提升数据要素市场的效率，降低数据要素交易成本，为后续数据要素的进一步流通和交易打下基础。

三、数据要素市场分级授权的福利

促进数据要素市场发展，既要注重提升数据要素的使用效率，也要兼顾整个数据要素市场的福利。因此接下来，参考戎珂等（2022）的研究，本书将对未分级授权与分级授权的数据要素市场进行进一步的比较，探究数据要素市场的分级授权对数据要素市场的影响[①]。

1. 数据授权量分析

首先，对整个数据要素市场中进入生产活动的数据要素授权量进行分析。可以从两个维度对数据要素授权量进行度量：愿意授权数据的人数和平台企业得到的数据要素总量。基于模型的求解结果，可以得到：

在有效的数据要素市场分级授权机制下，企业自发地落实数据分级授权，愿意授权全部数据的用户数下降，但是愿意授权数据（部分＋全部）的用户数上升，平台企业获得的数据要素总量也上升。平台企业在搜集数据的过程中既履行了最小必要原则，也提升了数字服务的普惠性。

2. 用户福利分析

在有效的分级授权制度下，平台企业选择遵循分级授权时，其利润会低于分级授权要求出台前的利润，即 $\pi^{**}<\pi^{*}$。接下来，进一步针对数据要素市场中的用户福利展开分析。基于模型的求解结果，可以得到：

在有效的数据要素市场分级授权机制下，企业自发地遵循数据分级授权，用户福利得到提升，数据分级授权更有利于整个数据要素市场的

---

① 本部分的模型构建和求解过程参考戎珂、刘涛雄、周迪、郝飞：《数据要素市场的分级授权机制研究》，《管理工程学报》2022 年第 6 期。

健康发展。表 6-1 总结了政府构建数据要素市场分级授权机制前后的对比。

表 6-1 政府构建数据要素市场分级授权机制前后的对比

		企业利润	用户福利
政府不要求分级授权	企业选择不分级授权	π^{*}	w_u^{*}
	企业选择分级授权	π^{**}	——
政府要求分级授权	企业违背分级授权	$\hat{\pi}^{*}$	——
	企业遵循分级授权	π^{**}	w_u^{**}
福利对比		$\pi^{*}>\pi^{**}>\hat{\pi}^{*}$	$w_u^{**}>w_u^{*}$

四、数据要素市场分级授权效果的因素

参考戎珂等（2022）的研究，下面分析数据要素市场分级授权效果的主要影响因素：数据要素的规模报酬水平、数据的分级授权标准。①

1. 数据要素的规模报酬水平

由于数据要素有着规模报酬递增的属性，而规模报酬的大小在一定程度上可以反映平台企业处理数据的数字技术水平，因此有必要针对规模报酬的大小展开进一步的分析。从上文的求解中可知，生产函数中有关数据要素的规模报酬与参数 β 和 γ 有关，规模报酬递增的条件为 $\beta\gamma>1$。本书认为数据要素规模报酬递增的原因在于原本分散的数据要素被平台企业收集后所形成的规模化的数据库可以通过各类计算技术让价值得以提升。由于假定 $\gamma\in(0,1)$，数据要素规模报酬递增的关键在于 β。因此，β 的取值可以衡量平台企业的数字技术水平。基于此，分析 β 的变化对数据要素授权量和社会福利的影响，具体变量的取值为：

---

① 本部分模型构建、变量定义、参数设定和求解过程参考戎珂、刘涛雄、周迪、郝飞：《数据要素市场的分级授权机制研究》，《管理工程学报》2022 年第 6 期。

D=1.5，ϕ=1.9，k=0.5，γ=0.7，$\beta \in$（1.5,2.5）①。

首先来看 β 对愿意授权的用户数和数据授权总量的影响，数值模拟的结果如图 6-2、图 6-3 所示（注，图中横轴为 x，纵轴为 y，下同）。图 6-2 说明随着数据要素的规模报酬递增水平逐渐增强，愿意授权数据的用户数会上升。而相对于数据要素市场未分级授权的情况，数据要素市场分级授权下愿意授权数据的用户数上升的速度更快。图 6-3 说明随着数据要素的规模报酬递增水平逐渐增强，平台企业获得的数据总量会增加。而相比于数据要素市场未分级授权的情况，数据要素市场分级授权下平台企业获得的数据总量上升速度同样更快。本书认为，由于数据要素规模报酬递增水平的增强，平台企业可以提升数字服务的质量，从而可以吸引更多用户愿意授权自己的数据来接入数字服务中，进而提升获得的数据总量。当然，随着数据要素的规模报酬递增水平的进一步加强，最终有可能出现全部用户均愿意授权全部或者部分数据的情况。基于这一数值模拟结果，本书提出如下推论：

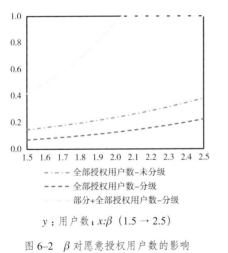

- - - - 全部授权用户数-未分级
- - - - 全部授权用户数-分级
——— 部分+全部授权用户数-分级

y：用户数；x:β（1.5 → 2.5）

图 6-2　β 对愿意授权用户数的影响

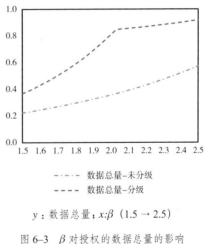

- - - - 数据总量-未分级
——— 数据总量-分级

y：数据总量；x:β（1.5 → 2.5）

图 6-3　β 对授权的数据总量的影响

---

① 相关假设和设定参考戎珂等（2022），例如，β、γ 是平台企业生产函数中的参数，每一个用户在平台上所产生的数据总量为 D，平台企业为每个用户提供 v 质量的接入服务的成本为 ϕ，平台企业提供基础接入服务所需的数据为 kD。

在有效的数据要素市场分级授权机制落实后，平台企业遵循分级授权，此时数据要素规模报酬水平的增强对愿意授权数据的用户数、平台企业获得的数据总量的提升作用均更强。因此，有效的分级授权机制可以让数字技术的提升更好地惠及用户。

再来看 β 对用户福利的影响，数值模拟的结果如图6-4至图6-7所示。图6-4和图6-5分别展示了在数据要素规模报酬递增水平逐渐增强的情况下，数据要素市场未分级授权和分级授权时用户福利的变化趋势。可以发现，无论数据要素市场是否分级，长期来看，规模报酬递增水平的增强均会提升企业利润和用户福利，而相对而言，用户福利在数据要素市场分级授权后提升得更快。图6-6和图6-7更清晰地展示了长期情况下，企业利润与用户福利的分配。可以发现，数据要素市场分级后，同等数据要素规模报酬水平下，用户福利所占的份额更大。此外，一旦平台企业占据了整个市场后，再增强规模报酬递增水平，用户福利所占的份额反而会下降。这是因为此时所有用户已经根据自己的偏好将数据部分或全部地授权给了平台企业，规模报酬递增水平的提升将主要作用于平台企业的生产力之上，用户福利份额的下降是因为企业利润的快速提升。总结后，可以得出如下推论：

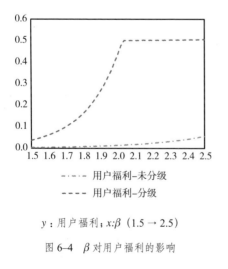

y：用户福利；x:β（1.5 → 2.5）

图6-4　β 对用户福利的影响

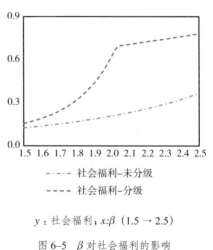

y：社会福利；x:β（1.5 → 2.5）

图6-5　β 对社会福利的影响

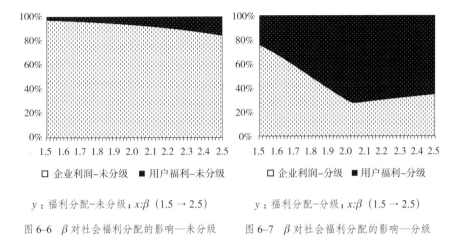

图 6-6 β 对社会福利分配的影响—未分级 图 6-7 β 对社会福利分配的影响—分级

在有效的数据要素市场分级授权机制落实后，平台企业遵循分级授权，此时社会福利、用户福利及用户福利份额更大，且数据要素规模报酬水平的增强对用户福利及用户福利份额的提升作用也更大。因此，有效的分级授权机制可以让数字技术的提升更好地促进数据要素市场的"共同富裕"。

2. 数据的分级授权标准

下面来分析数据分级授权标准的问题。模型中的分级标准是 k，即平台企业提供基础接入服务时向用户收集的数据比例。我们希望平台企业能够遵守最小必要原则，在提供基础接入服务时只收集这些接入服务所涉及的数据，而不去过度收集额外的数据。分级标准在本书的模型中起到关键作用，不仅体现在基础接入服务的数据收集比例，也会通过对效用函数、生产函数的影响，最终反映在数据要素授权量和用户福利之中。同时，分级标准也可以为平台企业确定基础接入服务的质量提供参考依据。平台企业可以制定较大的分级标准，从而提供质量相对较高的基础接入服务；也可以制定较小的分级标准，仅提供质量相对较低的基础接入服务。具体变量的取值为：$\beta=2.0$；$D=1.5$，$C=1.8$，$\gamma=0.7$，$k\in$(0.1，0.9)。

首先来看 k 对愿意授权的用户数和数据授权总量的影响，数值模拟的结果如图 6-8、图 6-9 所示。图 6-8 和图 6-9 说明在数据要素市场分级授权的情况下，在平台企业全部占据数据要素市场之前，降低分级标准既能扩大愿意授权数据（部分与全部之和）的用户数，同时也能增加收集到的数据总量；但是在全部占据数据要素市场之后，如果继续降低分级标准，愿意授权数据（部分与全部之和）的用户数并不会改变，反而会降低收到的数据总量。这是因为在占据数据要素市场之后，再降低

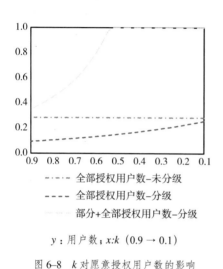

- · — · 全部授权用户数–未分级
- - - - 全部授权用户数–分级
- —— 部分+全部授权用户数–分级

y：用户数；*x*:*k*（0.9 → 0.1）

图 6-8　*k* 对愿意授权用户数的影响

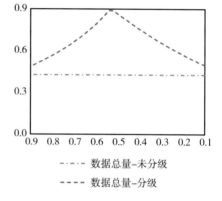

- · — · 数据总量–未分级
- - - - 数据总量–分级

y：数据总量；*x*:*k*（0.9 → 0.1）

图 6-9　*k* 对授权的数据总量的影响

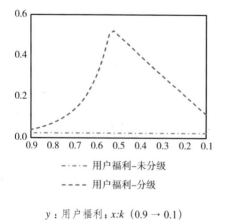

- · — · 用户福利–未分级
- - - - 用户福利–分级

y：用户福利；*x*:*k*（0.9 → 0.1）

图 6-10　*k* 对用户福利的影响

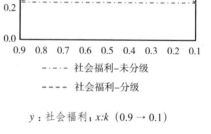

- · — · 社会福利–未分级
- - - - 社会福利–分级

y：社会福利；*x*:*k*（0.9 → 0.1）

图 6-11　*k* 对社会福利的影响

分级标准，会让原先愿意授权全部数据的用户转化为授权部分数据，从而导致授权数据总量的下降。基于上述分析，可以得到如下推论：

在有效的数据要素市场分级授权机制落实后，平台企业遵循分级授权，当平台企业提供基础接入服务的数据要素授权标准正好可以帮助平台企业占据全部市场份额时，平台企业获得的数据要素总量也最多。因此，一个合理的数据要素授权标准有助于平台企业更加合规、合理地采集更多的数据要素。

再来看 k 对社会福利的影响，数值模拟的结果如图 6–10 至图 6–13 所示。图 6–10 和图 6–11 分别展示了长期来看，在分级标准逐渐下降的情况下，企业利润和用户福利的变化趋势。可以发现，在数据要素市场分级授权的情况下，企业利润和用户福利均大于未分级授权的情况。同时，可以发现企业利润和用户福利会随着分级标准过度下降先上升后下降，让企业利润最大化的分级标准要比让用户福利最大化的要更大。本书的模型中，分级标准是外生给定的，而现实情况下，平台企业对分级标准有更大的选择权，因此若要让平台企业选择用户福利最大的分级标准仍然需要政府对数据分级授权相关机制进行进一步的设计。由于篇幅问题，本书针对这一问题不再展开进一步的讨论。从图 6–12 和图 6–13 可以发现在数据要素市场分级授权的情况下，用户获得的社会福利份额

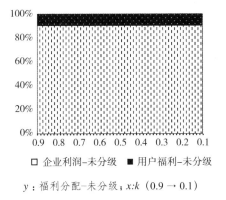

y：福利分配–未分级；x:k（0.9 → 0.1）

图 6–12　k 对社会福利分配的影响—未分级

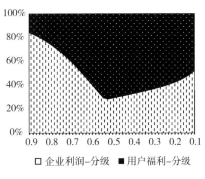

y：福利分配–分级；x:k（0.9 → 0.1）

图 6–13　k 对社会福利分配的影响—分级

是要大于未分级授权情况下的。类似的，随着分级标准逐渐下降，用户获得的社会福利份额同样是先上升后下降。基于上述分析，可以得到如下推论：

在有效的数据要素市场分级授权机制落实后，平台企业遵循分级授权，当平台企业提供基础接入服务的数据要素授权标准正好可以帮助平台企业占据全部市场份额时，用户福利及用户福利份额也最大。因此，一个合理的数据要素授权标准有助于促进数据要素市场的"共同富裕"。

最后，本书构建的探究数据要素市场分级授权机制的经济学模型虽然只考虑了分两级授权的情况，但是所得到的结论在一定程度上可以推广到更多级的分级授权情形。而在实际操作中，数据要素市场分级授权体系的构建也需要结合平台企业的实践操作，在权衡数据要素生产效率和用户权利保障的基础上进行更多级、更精细的分级授权设计，从而最终形成一个长期低交易成本的数据要素市场。

五、数据要素分级授权制度设计

本书构建有关数据要素市场分级授权的经济学模型，探讨数据要素市场分级授权机制对整个数据要素市场带来的影响。可以发现政府需要构建有效的数据要素市场分级授权机制，以使平台企业能自发地基于市场原则选择遵循数据分级授权的要求。在数据要素市场分级授权后，愿意授权全部数据的用户会下降，但是愿意授权数据（部分＋全部）的用户数会上升，平台企业获得的数据要素总量也会上升。平台企业在采集数据的过程中既履行了最小必要原则，也提升了数字服务的普惠性。同时，在数据要素市场分级授权后，用户福利和社会福利均会得到提升，说明分级更有利于整个数据要素市场的健康发展。基于这一基本结论，本书进一步从数据要素规模报酬和分级授权标准两大维度展开分析。首先，在数据要素市场分级授权下，数据要素规模报酬水平的增强对愿意授权数据的用户数、平台企业获得的数据总量的提升作用均更强。同时，对用户福利的提升和对用户福利份额的提升作用也均更强。其次，在数据要素市场分级授权下，当平台企业提供基础接入服务的数据要素授权标准正好可以帮助平台企业占据全部市场份额时，平台企业获得的数据要素总量也最多，用户福利及用户福利份额也最大。由此可见，一个可行且合理的数据要素分级授权机制设计，可以更好地促进数据要素市场的发展。

关于数据要素分级授权制度，本书认为应从数据产生之初就对数据确权，通过授权的方式（合同等）对数据产业链的每一环节都进行明确规定[①]。

1. 通过授权方式厘清数据权属

在不同场景下，数据生成时就通过相关利益主体所达成的授权共识机制（如现有法律或者授权协议合同等相关文件）来实现数据产业链下每一流转环节的确权。通过授权合同等共识机制来确定各相关主体权利义务是数据市场化的手段，也是目前平台企业通常获取数据的方式。以互联网平台公司为例，用户登录互联网应用程序（APP）时一般需要同意《某平台服务使用协议》，该协议会明确告知用户其数据被收集、使用的情况，保证用户享有数据知情权。但值得注意的是，之前由于缺乏相关数据监管体系，各大平台的授权机制内容存在问题：一方面，授权协议存在"一刀切"霸王条款。比如一些 APP 通过"一揽子协议"将收集个人数据与其功能或服务进行捆绑，用户如果不同意全面授权，就无法使用该 APP。不少用户往往被迫接受"一揽子协议"，这严重损害了用户作为个人数据主体的决定权。另一方面，平台授权协议往往只针对初始数据使用环节征集用户同意，并未考虑数据再流转环节中用户的权利义务，一定程度上也侵犯了用户的数据知情权与收益权。

[①]　本部分内容参考戎珂、杜薇、刘涛雄：《培育数据要素市场与数据生态体系》，《中国社会科学内部文稿》2022 年第 2 期。

同时，除了平台数据，再比如自然环境场景数据的收集，一般规定数据收集者有权合法收集、处理开放的不敏感自然信息。因为自然信息并不为特定个人或群体所拥有，原则上可以允许采集者对于不敏感自然数据拥有产权。但当自然界数据的收集超过一定规模后，数据的敏感性是否发生改变，尚没有明确的规定。诸如此类的数据场景比比皆是，单一方式确定数据权属是不合理的，因此需要制定分类分级不同阶段不同场景下的数据授权体系，从而实现合理确权。

2. 构建分类分级数据授权体系

根据数据要素市场参与主体的角色和数据要素生成的基本特征，应从源头上建立数据市场化流程的基本制度体系，通过分类分级明确数据要素市场各参与方的权利和义务，规范数据处理行为，促进数据要素的充分流通和汇聚，最大限度实现发挥要素价值和控制规避风险的有机统一。此部分将从数据特征出发，建立分类分级数据授权体系。

（1）数据要素分类体系

从数据的负外部性考虑，在保障国家安全和数据来源主体权益的前提下，按照数据遭到破坏后或泄露后对国家安全、社会秩序和公共利益以及个人、法人和其他组织的合法权益的危害程度，对数据的敏感程度和流通属性进行分类。数据遭到破坏或泄露后对相关方可能造成的危害越大，则数据的敏感程度越高，同时在商用时审慎程度应越高。根据此原则，数据可被分为 5 类，由低至高分别为：不敏感的公开数据（Type 0）、低敏感的宽松条件下可商用数据（Type 1）、较敏感的一定条件下可商用数据（Type 2）、敏感的严格限制条件下可商用数据（Type 3）、高敏感的禁止商业化数据（Type 4），详细数据要素类别、分类参考判断标准和示例见表 6-2（表 6-2 列举了部分数据场景示例）。值得注意的是，当数据敏感程度发生变化时，数据要素类别应重新确定、及时调整。数据敏感程度受时效因素、覆盖范围、加工因素等影响，数据时效性越强或覆盖范围越大，则数据敏感程度越高。

表6-2　数据要素分类体系

数据要素类别	类别标识	判断标准	数据示例
Type 0	不敏感的公开数据（免费合法利用）	对国家、社会、组织和个人等相关方均无明显不良影响，即对国家安全、社会秩序、公共利益、国民经济、行业发展、主体利益均无明显不良影响	个人公开的一般个人信息；企业联系信息、产品价目表等；政务公开信息等
Type 1	低敏感的宽松条件下可商用数据（可商业化）	潜在危害符合下列条件之一的数据： ·对单个组织的正常运作造成轻微影响，或较小的直接经济损失； ·对个人的合法权益（人身和财产安全、名誉等）造成轻微损害	脱敏的一般个人信息；组织结构、员工规模等；根据公开信息整理的公众人物数据库
Type 2	较敏感的一定条件下可商用数据（部分可商业化）	潜在危害符合下列条件之一的数据： ·对全社会、多个行业或行业内多个组织造成轻微影响； ·对单个组织的正常运作造成中等程度的影响，或较大的直接经济损失； ·对个人的合法权益造成中等程度的损害	姓名、性别、年龄、学历、职业、工作单位、工作经历等一般个人信息；企业购销的商业合同等；高速收费站过车信息等
Type 3	敏感的严格限制条件下可商用数据（谨慎可商业化）	潜在危害符合下列条件之一的数据： ·对全社会、多个行业或行业内多个组织造成中等程度的影响； ·对单个组织的正常运作造成严重影响，或大的直接经济损失； ·对个人的合法权益造成严重损害	电话号码、通信记录、宗教信仰、种族、行踪轨迹、网页浏览记录等个人敏感信息；企业商业秘密等
Type 4	高敏感的禁止商业化数据	潜在危害符合下列条件之一的数据： ·对全社会、多个行业或行业内多个组织造成严重影响； ·对单个组织的正常运作造成极其严重影响，或特别巨大的直接经济损失； ·对个人的合法权益造成极其严重损害	个人身份信息、财产信息、健康生理信息、生物识别信息等个人高度敏感信息；企业财务信息；国防敏感信息等

（2）数据要素分级体系

从数据的正外部性和市场开发程度出发，根据数据提供者赋予数据采集者可对数据流通使用的权限范围的大小，对数据授权内容和程度进行分级，来明确数据产生和流转再应用的级别。即数据在交易流通中可转让的权利范围越大，那么数据的授权级别越高。根据此原则，数据可被分为从"拒绝授权"到"完全授权"等多级。拒绝授权指的是数据提供者不向数据采集者授予任何数据权属；部分授权指的是数据提供者向数据采集者授予部分数据权属，比如允许收集保存数据，但数据仅限服务必需；完全授权指的是向数据采集者完全转让数据，同意数据采集者进行数据的开发利用，并同意其对数据进行再次转让。且需要注意的是，各级授权在确定时一般应有明确的期限。

第二节   数据要素定价模式

一、数据要素定价方法

目前，数据定价难是阻碍数据交易、数据应用的一个重要原因。数据要素与资本、劳动等传统生产要素产生协同作用，实现产品和商业模式的创新以及运行效率的提升，激发了增长潜力，优化了市场和政府行为，从而促进经济高质量发展。但是，数据要素的虚拟性、正外部性、规模报酬递增等特征，不仅让其区别于其他传统生产要素，也为数据要素价值确定的复杂性埋下伏笔。因此，为了促进数据市场交易，专家学者和业界纷纷都在探索数据定价模式，提出了一些数据定价方法，尽管这些定价方法都存在一定的局限性，不过这些方法作为对数据定价的积极探索，有利于数据市场最终形成成熟的数据定价模型。下面介绍一些数据定价方法：会计学定价法、信息熵定价法、多维度定价法等。

1.会计学定价法

借鉴会计学的资产定价方法，数据经济价值有三种估计方法[①]。第一，市场法（公允价值法）：数据资产的价值由市场上可比产品的市场价格来决定。市场价格法一般侧重数据的交易价格，交易价格主要受到重置成本、可变现净值等影响。例如，企业收集的数据的价值，可以根据企业购买满足其需求的同类数据而支付的价格而定。第二，成本法：数据资产的价值由数据的生产成本来决定，生产成本主要包括获取、收集、整理、分析与应用数据的成本。第三，收益（贴现值法）：数据资产的价值由未来能够从数据中获取的现金流的估计来决定。数据的收入法借鉴金融资产的贴现法，将未来可能的收益进行折现加总来估计价值。这三种数据定价方法属于偏传统的会计学定价法，主要借鉴了其他资产的会计定价方法。

这三种定价方法各有优劣，适用情况也有差异。第一，相对其他方法，市场法估计出的价格比较接近数据的真实价值。但是市场法比成本法更加费时，估计成本更高[②]。而且市场法适用范围有限，要求市场上有可比产品、可比产品有市场价格。第二，成本法操作简单，估计成本较低。而且成本法适用范围比较广泛，生产成本公开、供给竞争激烈、个人隐私定价等场景可以采用成本法[③]。不过，成本法往往低估数据的价值。第三，收益法考虑了数据未来的潜力，适用于原始数据直接交易等场景。但是收益法需要选择适当折现率，而确定适当的折现率往往并非易事。另外，收益法需要考虑数据的特征和数据的多元的收益实

---

①　Reinsdorf M., J. Ribarsky, Measuring the Digital Economy in Macroeconomic Statistics: The role of Data, *International Monetary Fund Working Paper*, 2019.

②　Henderson S. et al., Issues in Financial Accounting, *Pearson Higher Education Australia*, 2015.

③　Ghosh A., A.Roth, Selling Privacy at Auction, *Games and Economic Behavior*, Vol.91, 2015.

现机制。由于数据要素的特征，其收益实现机制也表现出诸多不同：数据要素非竞争性使其生产函数体现出规模收益递增效应；数据要素使能性使其产生非常强的多要素合成效应；数据要素生产与消费统一性使数据要素价值增长具有典型的供给侧规模经济和需求侧规模经济协同特征。因此，需要根据不同场景下收益实现机制类型确定数据的未来价值。

目前，由于成本法易于操作，应用较多。例如加拿大统计局 (2019)[①] 采用成本法的估计方法，用劳动力成本的数据估计了数据资产（Data-related Assets）的价值。具体来说，加拿大统计局首先在国家职业分类（National Occupation Classification，NOC）体系中筛选出了与数据相关资产（具体包括"数据""数据库"以及"数据科学"）的生产有关的职业，并对各职业在生产数据资产上耗费的工作时间占比给出假设，作为各自生产数据时直接劳动力成本的权重。此外，设定总工资成本的 50% 为间接劳动力成本和其他成本之和，并附加一个 3% 的加成（markup）作为对资本服务的衡量。通过加总以上各项成本，便可得到对数据相关资产投入的价值估计。估计结果显示，加拿大在 2018 年对数据资产的投入为 295 亿—400 亿美元，自 2005 年年均增长 5.5%，占加拿大全国固定资本形成总额的 5.9%—8.0%。其中"数据"上投入了 94 亿—142 亿美元，"数据库"上投入了 80 亿—116 亿美元，"数据科学"上投入了 120 亿—142 亿美元；从存量上看，2018 年加拿大的数据资产净资本存量为 1570 亿—2170 亿美元，占非住宅建筑、机器设备以及知识产权总量的 6.1%—8.4%，占知识产权净资产存量的 68.9%—95.2%。其中"数据"存量 1050 亿—1510 亿美元，"数据库"存量 190 亿—270 亿美元，"数据科学"存量 340 亿—400 亿美元。

2. 新定价方法

关于数据的定价，传统的会计学定价法将数据类比无形资产，比较

[①] Statistics Canada, The Value of Data in Canada: Experimental estimates, 2019.

容易操作，但是往往忽略了数据资产的特殊性。由于数据重置成本难确定、目前市场交易规模小（缺乏合适参照物）、生产成本难确定、价值具有不确定性、使用寿命难确定等原因，传统的定价方法难以适应目前的数据市场。因此，需要针对数据市场设计新的定价方法。目前一些新的数据定价方法已经应运而生，例如，信息熵定价法、零价商品估值法、多维度定价法等。

（1）信息熵定价法

信息熵指信息中排除冗余后的信息量[1]。信息熵与信息（事件）不确定性相关，具体来说，"信息熵"公式如下：

$$H = \sum_{i=1}^{k} p_i \ln p_i$$

其中，H 为信息熵，P 为各种可能结果的概率。事件不确定性越高，其信息熵越大。信息熵定价法中数据价值取决于信息熵大小，信息熵越大，数据价值越高。在数据的信息熵定价中，可以考虑单位数据的所含隐私、供给价格等因素来进行定价。信息熵定价法考虑了数据资产的稀缺性，强调数据的信息量、分布。但是信息熵定价法存在很多局限，比如操作难度大、适用范围有限、信息熵不能完全代表数据质量等。

（2）零价商品估值法

一些已有研究开始尝试测度数据要素对于总产出的贡献，认为数据要素产生了额外的生产者剩余和消费者剩余，应被纳入 GDP 核算体系之中，研究数据要素对经济增长的影响[2]。Brynjolfsson 等（2019）考虑到数字经济中新商品的频繁引入和零价商品的不断增加，在传统 GDP 的基础上提出了一个新的度量标准——"GDP-B"，其中包含了具有隐含价格的免费数字商品，通过量化和捕捉这些商品对福利的贡献，改善

---

① Shannon C.E., A Mathematical Theory of Communication, *Bell System Technical Journal*, Vol. 27, No. 3, 1948.

② Begenau J. et al., Big Data in Finance and the Growth of Large Firms, *Journal of Monetary Economics*, Vol.97, No.8, 2018.

了传统 GDP 核算中对于数据生产要素的遗漏和误测 ①。

（3）多维度定价法

数据是非常复杂的一种资产。以上介绍的方法基本上都是考虑了数据的单方面属性，因此，估计出的数据价值往往存在偏差。数据价值取决于数据多维的属性，数据价值估计应该考虑数据成本、数据现值、数据特征、数据种类、数据质量、买方异质性等多维度属性 ②。其中数据质量受很多因素的影响，比如数据的信息熵、时效性、完整性、协同性（互操作性）、可移植性、独特性、准确性等，在评估数据价值的时候需要考虑影响数据质量的主要因素。多维度定价法应该包括多个步骤：首先对数据的各个维度属性进行评估，得到数据每个维度的细分价值，然后通过一定的方法将各个部分价值进行整合，从而得到综合价值。

3. 数据定价方法总结

未来，数据定价的方法会继续演化和发展，而且不同的场景下数据的定价方法可能存在很大差异。不过，数据定价需要遵循一些基本原则和要求：市场化定价、保护隐私和数据安全、考虑买方异质性和具体的场景、考虑多个数据属性维度、卖方收益最大化、收入分配公平等 ③。具体来说，第一，需要发挥数据交易市场的作用，让市场在资源配置中发挥决定作用。数据交易价格由市场决定，发挥市场价格机制、运行机制（供求机制、竞争机制、监管机制等）的作用。第二，需要保护用户

---

① Brynjolfsson E. et al., GDP-B: Accounting for the Value of New and Free Goods in the Digital Economy, *NBER Working Paper*, No.25695,2019.

② Wang R.Y., D.M.Strong, Beyond Accuracy: What Data Quality Means to Data Consumers, *Journal of Management Information Systems*, Vol.12, No.4,1996; Sajko M. et al., How to Calculate Information Value for Effective Security Risk Assessment, *Journal of Information and Organizational Sciences,* Vol.30, No.2,2006.

③ Agarwal A. et al., A Market Place for Data: An Algorithmic Solution, *Proceedings of the 2019 ACM Conference on Economics and Computation,* 2019; Pei, J., A Survey on Data Pricing: From Economics to Data Science, *ArXiv Working Paper,* No.04462,2020.

隐私和数据安全，这是基本要求。第三，数据交易场景非常多样，既有场内大规模交易，也有现在常见的场外分布式交易，因此，需要针对性开发相应的定价模式。第四，需要考虑买方异质性，满足数据需求方的差异化需求。第五，需要考虑多个数据属性维度。数据价值估计应该考虑数据价值、市场供需、数据成本、数据特征、数据质量、买方异质性等多维度属性。数据生产要素的价格主要由数据生产要素的价值和市场供需共同决定。同时，数据生产要素的定价需要考虑生产数据的成本和未来能够从数据中获取的现金流数额的估计。

二、数据要素定价机制

数据要素定价机制是数据市场运行机制的重要组成部分。数据场景多样、价格受多因素影响，因此需要通过多种定价机制促进多主体参与，满足不同场景下数据买卖双方的需求。基于以上的数据要素定价理论和定价方法，目前数据市场已经探索了多种具体的数据定价机制，具体包括：固定定价、差别定价等静态定价机制，自动实时定价、协商定价、拍卖式定价等动态定价机制[①]。下面主要介绍五大定价机制：

第一，固定定价是数据提供方在交易平台上设定固定的销售价格，价格设定主要考虑数据成本、市场供需情况等。其优势明显，优势主要体现在交易成本低，比如交易双方的沟通成本低；其局限也比较明显，体现在使用范围较小，在成本不容易确定、市场波动较大的时候难以定价。第二，差别定价是针对不同的数据需求者设定不同的价格，需求者以不同的价格购买同样的数据产品。这种定价机制常见于数据垄断情形，相当于价格歧视。但是数据价值存在买方异质性，一定程度的差别

---

① Pei J., A Survey on Data Pricing: From Economics to Data Science, *IEEE Transactions on knowledge and Data Engineering*, No. 04462, 2020; 熊巧琴、汤珂：《数据要素的界权、交易和定价研究进展》，《经济学动态》2021 年第 2 期；徐翔、厉克奥博、田晓轩：《数据生产要素研究进展》，《经济学动态》2021 年第 4 期。

定价可能存在一定的合理性。第三，自动实时定价是交易所或平台针对各种数据产品或服务设定一个定价模型。这种模式下交易平台自动计算出价格，撮合数据供需双方交易。其优势在于系统自动定价，促进数据双方的交易；其不足在于实施难度较大，定价模型很难构建，这种定价机制对交易所的要求比较高，比如算力、算法等。第四，拍卖定价是数据价格通过拍卖的形式确定。这种形式一般适用于一个卖家、多个买家。由于目前数据安全要求的提高，数据一般都经过了数据脱敏等处理，因此买卖双方难以确定数据的价格。此时拍卖就提供了一个很好的定价和交易的方式。这种方式有利于制定一个较高的销售价格，从而激励数据提供者转让和共享数据。第五，协商定价是数据买卖双方经过协商而确定一个大家都接受的价格。这种定价方式比较简单，但是这种模式要求交易双方对数据价值有一个共识，交易成本可能比较高，协商过程需要投入很多时间，而且很多数据交易可能协商不成功。

目前数据市场采用了静态定价机制与动态定价机制相结合的方式。其中，Azure、Oracle 等采用固定定价机制，Factual 等采用差别定价机制，Qubole、浙江大数据交易中心、贵阳大数据交易所等采用自动实时定价机制，长江大数据交易中心、上海数据交易中心、贵阳大数据交易所等采用协商定价机制，上海数据交易中心等采用拍卖定价机制（如表6-3）。

这些数据交易平台开始尝试一些定价机制，但未形成稳定有序的定价机制，数据定价体系仍处于混乱状态，具体表现是：定价技术不成熟、价格指标体系尚不统一、数据质量评价指标不完善等。以国内首家大数据交易所（贵阳大数据交易所）为例，贵交所官网曾数年未对外公布交易额、交易量等数据交易动态，这主要是因为其交易量低，而交易量低主要是"因为关于数据确权和定价都很困难"[①]。随着数据要素市场

---

① 罗曼、田牧：《理想很丰满现实很骨感　贵阳大数据交易所这六年》，证券日报网，2021 年 7 月 12 日，见 http://www.zqrb.cn/stock/hangyeyanjiu/2021-07-12/A1626024977087.html。

的不断完善，未来会形成统一完善的数据定价体系，但是需要通过不同场景下的定价模型解决定价问题。

表 6-3　典型数据交易平台的定价机制 [1]

数据交易平台	具体定价机制	定价机制类型
Azure、Oracle	固定定价机制	静态
Factual	差别定价机制	
Qubole、浙江大数据交易中心、贵阳大数据交易所	自动实时定价机制	动态
上海数据交易中心	拍卖定价机制	
长江大数据交易中心、上海数据交易中心、贵阳大数据交易所	协商定价机制	

第三节　数据市场交易体系

一、数据市场交易体系探索

由于数据要素不同于传统要素，在建立数据要素市场交易体系的时候，需要探究数据要素市场与传统要素市场之间的差异，然后建立合适的数据要素市场交易体系。数据要素市场与传统要素市场存在很多差异，主要包括：第一，在核心方面，数据要素市场与传统要素市场存在差异。由于数据具有敏感性，原始数据的交易存在很大的风险。考虑到个人隐私保护和数据安全，原始数据不适宜进行大规模交易。相对而言，传统要素市场可能更重视要素本身的流通，数据要素市场发展的核

---

[1]　中国信通院：《数据价值化与数据要素市场发展报告（2021 年）》，中国信通院网站，见 http://www.caict.ac.cn/kxyj/qwfb/ztbg/202105/t20210527_378042.htm。

心不在于数据本身的流通，而在于数据内包涵的信息和价值的流通，数据价值的流通有利于促进各类企业创新、总体上提高社会福利。第二，在市场的结构方面，数据要素市场与传统要素市场存在差异。数据要素的流通区别于一般要素和一般商品的流通，数据要素流通不仅包括最开始的数据授权环节的数据流通，也包括授权后的原始数据的流通，还包括原始数据加工后产生的数据产品的流通。而且这三种数据要素流通具有各自的特征，需要分别设计交易机制。

表6-4　直接交易和间接交易的对比

市场级别	直接交易	间接交易
定义	数据卖方向数据买方直接提供没有加工的原始数据	数据卖方向数据买方提供经过一定加工的数据产品
适用条件	数据价值可预期、容易评估	数据的网络外部性较强、敏感性较强
具体交易方式	订阅模式、捆绑销售、多阶段销售等	两部定价法（固定费用＋计量费用）、拍卖、第三方平台等
案例	金融数据销售等数据中介公司往往采用这种交易模式	某互联网平台企业利用地图、消费等数据为某快餐企业提供选址服务（数据服务）

根据交易内容（数据加工的程度）差异，目前数据的交易一般可分为直接交易和间接交易①，因此数据市场可以形成两级市场体系（见表表6-4）。直接交易模式指的是数据卖方向数据买方直接提供没有加工的原始数据；间接交易模式指的是数据卖方向数据买方提供经过一定加工的数据产品。两种交易模式在适用条件、交易方式、交易规模等方面存在显著差异。在适用条件方面，当原始数据价值容易评估的时候，直接交易更适合；当数据网络外部性较强、敏感性较强的时候，间接交易

---

① Admati A.R., P. Pfleiderer, A Monopolistic Market for Information, *Journal of Economic Theory*, Vol. 39, No.2, 1986.

更适合，数据脱敏后才能保证数据的安全。在交易方式方面，直接交易可以采用订阅模式、捆绑销售、多阶段销售（先提供部分随机数据，再交易所有数据）等多种方式；间接交易可以采用两部定价法（固定费用加计量费用）、拍卖、第三方平台等方式。

目前数据交易模式有多种，包括以下几种典型的交易模式。

1. 数据交易所模式

数据交易所一般是政府牵头、多方参与建设的一个场内交易场所，比如贵阳大数据交易所、东湖大数据交易中心、华中大数据交易所、上海大数据交易中心、江苏大数据交易中心等。在数据交易所，数据供需双方在政府监管下进行原始数据的交易。由于信息不对称，原始数据的交易存在很多障碍，因此大部分数据交易所的交易规模有限，发展不是特别快。

2. 场外直接交易模式

现实中存在着大量的数据需求，很多无法通过数据交易所满足，因此市场上很多数据需求者通过一定渠道找到数据供给者，然后双方协商，通过数据交易合同进行数据的交易。这种模式存在很多问题，比如私下交易难以监管、数据容易被二次转让等。因此，这种模式下数据提供者的数据权益难以保证，而且数据安全和隐私保护也难以实现。

3. 资源互换模式

目前，资源互换模式是很多互联网平台企业的常用手段，互联网平台以免费的 APP 服务来获取用户的数据使用权。目前这种模式带来了很多问题：第一，由于双方地位不平等，互联网平台往往会过度收集用户数据，经常收集其基本功能需要之外的数据。第二，数据滥用问题严重。互联网平台常常会过度使用用户数据，在没有得到用户授权的情况下将数据用于一些用途或者将数据转让给他人。第三，用户对自己数据的复制权、可携带权等难以保障，一般用户较难将自己数据迁移到其他平台。第四，平台利用用户数据开发数据产品，但是用户难以获得其合理的数据收益。《个人信息保护法》针对现在的问题，规定个人信息处理有最小方式、最小范围、最短时间"三最"原则。

4. 数据云服务模式

数据供给方向数据需求方提供相应的云服务，而不是直接提供数据，这样数据需求者相当于购买了数据服务。这种模式有利于保护数据安全和供给方的权益。

5. 会员模式

数据供给方建立俱乐部，然后数据需求方通过注册会员可以享受会员服务，即可以获得相应的数据访问权限。会员可以分级，不同级别的会员有不同级别的数据访问权限。这样数据供给方就可以区分消费者，增加数据收益。

6. 数据接口模式

区别于直接提供数据，还有很多数据提供者会向数据需求者提供数据的接口（API），这种模式可以促进数据的流通，增加数据的交易规模。而且可以控制开放数据的范围，控制向谁开放。

7. 数据产品交易模式

数据产品交易模式可以基于隐私计算、密码学等数字技术，实现数据的加密、数据的"可算不可识"。在保障数据安全的前提下，数据提供者可以向数据需求者提供数据产品和服务。这种模式的技术要求较高，但是安全性也较高。

总之，现有的主流的数据市场是两级的市场交易体系，而且现有的数据要素交易模式也不能解决所有场景需求。总之，现有的数据市场交易方式不够完善，仍需要对数据市场交易方式进行设计。

二、构建合理的数据市场交易体系

如何构建合理的数据市场交易体系？首先，需要明确原则。构建数据市场的基本逻辑和原则应该包括：1. 数据要素需要保护，数据要素也需要流通市场；2. 数据要素所有权和用益权二元分离；3. 数据市场不仅仅是数据本身流通，更多的是数据价值流通；4.数据交易模式应该多元，数据供求双方根据自身需求选择合适的交易模式。其次，参考已有文献①，基于数据市场的基本逻辑和原则，需要从交易内容和交易模式两大维度出发，打造"多层次、多样化"的数据市场交易体系，鼓励场内交易，规范场外交易。一方面，在交易内容维度，拓展目前已有的两级市场体系②，建立多层次数据市场，具体包括三级：第一级市场主要指数据资源市场，解决原始数据授权等问题；第二级市场主要指数据要素市场；第三级市场主要指数据产品和服务市场。另一方面，在交易模式维度，由于数据的交易模式受应用场景、买方异质性的影响较大③，应该建立多种数据要素交易模式，具体应该包括三种：第一种交易模式是场内集中交易模式，即通过数据交易所、交易中心等平台进行数据集中交易。此处的"场内"并非仅限于交易所，而是指包括交易所、交易中心等在内的由政府主导、可监管可溯源的集中交易平台。鼓励多主体、多层级的数据集中交易平台建设。第二种交易模式是场外分布交易模式，即在集中交易平台外进行数据分散交易。第三种交易模式是场外数据平台交易模式，即通过数据平台进行多方数据交易。

表6-5 六种数据要素交易模式的案例分析

案例	某APP登录授权	贵阳大数据交易所	Factual	北京国际大数据交易所	某互联网平台企业数据服务	某云服务商
市场级别	第一级	第二级	第二级	第三级	第三级	第二级 第三级

---

① 戎珂、杜薇、刘涛雄：《培育数据要素市场与数据生态体系》，《中国社会科学内部文稿》2022年第2期。

② Admati A.R., P.Pfleiderer, A Monopolistic Market for Information, *Journal of Economic Theory,* Vol. 39, No.2, 1986.

③ 熊巧琴、汤珂：《数据要素的界权、交易和定价研究进展》，《经济学动态》2021年第2期。

续表

案例	某 APP 登录授权	贵阳大数据交易所	Factual	北京国际大数据交易所	某互联网平台企业数据服务	某云服务商
交易模式	场外分布式交易模式	场内交易中心模式	场外分布式交易模式	场内交易中心模式	场外分布式交易模式	场外数据平台模式
主导情况	APP 企业主导	政府主导或牵头	数据服务商主导	政府主导或牵头	企业主导	大型 ICT 企业主导
交易对象	用户数据	原始数据经过清洗、分析、建模、可视化后的数据要素	原始地理位置数据经机器学习算法提取、处理后的结构化数据	利用隐私计算、区块链等手段分离数据所有权、使用权、隐私权，然后提供数据产品和服务	通过该平台系软件所掌握的个人定位数据和人口流动数据，企业提供基于定位信息的定制数据服务	基于可信执行环境 TEE、安全多方计算等技术，实现数据"可用不可见"，提供数据产品和服务

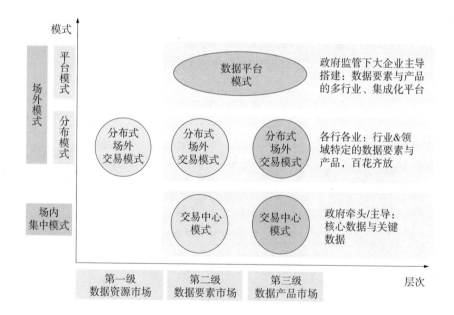

图 6-14　多层次多样化的数据市场交易体系

在此数据交易市场体系下，建立并完善六种具体的数据要素交易模式（见图 6-14）：在第一级市场中，建立分布式交易模式。即不同主体在此市场下，确定数据可授权的类别级别，使原始数据进入交易流程。在第二级市场中，建立分布式场外交易模式和交易中心模式，两种交易模式并存，规范数据流通。在第三级市场中，建立分布式场外交易模式、交易中心模式和数据平台模式，场内、场外交易并存，鼓励培育数据产品多样化，提高数据市场活力。在第二级和第三级市场中，建立数据平台模式。其中，数据平台模式是一种集成模式，有多个数据主体进行联合交易和计算，通过隐私计算等技术手段实现大规模联合计算、并生成相应的数据产品／服务。下面分别介绍六大交易模式①。

（1）第一级市场中的分布式交易模式：用户登录互联网应用程序（APP）时一般需要同意《某平台服务使用协议》（授权协议），该协议会明确告知用户其数据被收集、使用的情况。

（2）第二级市场中的场内交易中心模式：数据要素在大数据交易所等交易中心上作为一种商品进行买卖。通过市场供求关系所决定的价格，买卖双方得以达成数据要素的交易。近年来，政府牵头成立了一些数据交易所，这些数据交易所类似股票交易所，买卖双方需要注册成为交易所成员，然后在政府监管下，集中在交易所进行数据交易。贵阳大数据交易所作为全球第一家大数据交易所，所采取的交易模式便是场内交易中心模式。

案例 1：贵阳大数据交易所作为传统的数据交易中心

作为全球第一家大数据交易所，贵阳大数据交易所于 2015 年开始运营，通过自主开发的大数据交易平台，撮合客户进行大数据交易。截至 2019 年，已发展 2000 多家会员，接

---

① 举这些例子主要是为了介绍六大交易模式。这些案例不一定是非常成功的案例，很多也存在一些缺陷或者刚开始落地，需要继续完善。

入 225 家优质数据源，上线 4000 多个数据产品（这些数据产品主要属于数据资源、初加工的数据要素）。而且贵阳大数据交易在 11 个省或市设立分中心，累计交易额仅 4 亿元左右。但是由于数据交易中存在数据权属界定不清、要素流转无序、有效的定价机制缺失等问题，贵阳大数据交易所的发展不尽如人意。

（3）第二级市场中的分布式场外交易模式：一些行业的数据服务商（如 Factual 等）采用分布式场外交易模式，对数据资源进行一定的加工后，一对多地进行数据要素的直接交易。

（4）第三级市场中的场内交易中心模式：北京国际大数据交易所等新数据交易所作为新型的数据共享和交易平台，采取的是场内交易中心模式，利用隐私计算、区块链等手段分离数据所有权、使用权、隐私权，然后提供数据产品和服务。

案例 2：北京国际大数据交易所作为新型的数据共享和交易平台

作为北京市创建"全球数字经济标杆城市"重要项目，北京国际大数据交易所于 2021 年 3 月成立。以往数据交易所往往存在数据权属界定不清、要素流转无序等问题，但是北京国际大数据交易所作为采用隐私计算技术的第一个交易所，采用隐私计算、区块链等手段分离数据所有权、使用权、隐私权，从而解决数据交易的重大难题。它将提供权威的数据信息登记平台、受到市场广泛认可的数据交易平台、覆盖全链条的数据运营管理服务平台等平台服务。目前发展情况有待进一步观望。

（5）第三级市场中的分布式场外交易模式：企业智能定制的数据服

务是基于各类数据所开发的各类定制化服务，比如广告服务、定位服务等。数据服务的"交易"可以完全以市场化商业模式的方式展开，通过企业间的谈判和业务合作，完成数据服务的交易。市场化交易中的主体主要包括提供数据的平台和数据用户，最终形成小规模、智能定制化的数据产品市场。

案例3：某互联网平台企业为某快餐企业提供数据服务

某互联网平台企业通过该平台系统软件所掌握的个人定位数据和人口流动数据，向某快餐企业提供基于定位信息的数据服务，帮助某快餐企业更加合理地进行门店的选址。某快餐企业则通过支付市场化的价格向某互联网平台企业购买这一数据服务。

（6）第二级和第三级市场中的数据平台模式：基于隐私计算的数据平台（第三方平台），提供计算入口，实现数据要素、数据产品互联互通有无，做到"可用不可拥有，可见不可识"。因为各类数据处于"孤岛"状态，通过联合隐私计算才能具备更高的价值，所以需通过联盟性质或者由主要大型厂商牵头成立可信的数据平台，以隐私计算、联邦学习等方式构建互通有无的"交易"机制。通过这类数据中心的搭建，可以做到数据价值的流通，而不是数据本身的流通，做到"可用不可拥有，可算不可识"。具体来说，数据提供商提供计算接口，数据平台促进各方联合来匹配数据需求用户，最终形成大规模、定制化的数据市场范式，满足市场上对数据要素、数据产品的需求（见图6-15）。平台方会有意识打造领袖数据伙伴，通过联合不同类型数据接口伙伴，服务特定样本行业，从而慢慢形成网络效应，形成数据服务市场。

根据《中国隐私计算产业发展报告（2020—2021）》，基于隐私计算的数据交易应用模式市场或将达到千亿级。从2018年开始，国内许多综合型互联网公司纷纷布局隐私计算，开发多方安全计算、联邦学习、差分隐私等技术，并参与国际标准制定，着力构建隐私计算生态体系，打造数据经济体。他们利用隐私计算赋能消费金融、医疗、支付、航空、营销等多种场景。

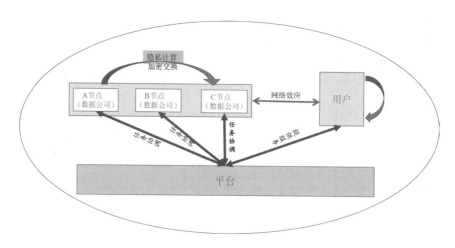

图 6-15　数据平台模式

案例 4：某云服务商数据计算平台

国内某云服务商提供的可信智能计算服务（Trusted Intelligent Computing Service，TICS）作为基于可信执行环境的数据计算平台，面向政企行业，打破跨机构的数据"孤岛"。该TICS 平台基于可信执行环境 TEE、安全多方计算 MPC、联邦学习、区块链等技术，实现数据在流通、计算过程中全链路的安全保护，推动跨机构数据的可信融合和协同，安全释放数据价值，实现数据"可用不可见"（见图 6-16）。该服务保障多方隐私，具备可信高效、安全隐私、多域协同、灵活多态的优势。该服务倡导共建合规可信的数据智能生态，推动多方机构协同进行模型训练和数据分析等多方数据隐私计算，助力政企信用联合风控与政府数据融合共治，提升政府、企业和金融机构治理效能。该服务已在政务数据流通、政企数据融合、普惠金融、数据交易等多个场景进行落地实践。

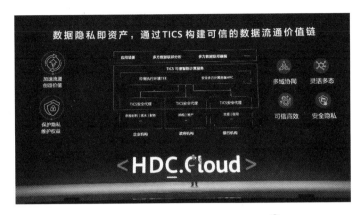

图 6-16　可信智能计算服务 TICS 框架 [①]

　　总体而言，在数据市场培育中，特别是市场发展初期，应该坚持场内、场外交易模式并存，鼓励场内交易，规范场外交易。其原因在于：一方面，数据不同于一般产品，需要重视数据安全和隐私保护等，场内交易更便于数据交易的监管，容易实现交易可溯源、数据规模化等。另一方面，数据的非标准化特性也增加了数据场内交易困难，很多类型数据不方便进行大规模集中交易，而场外的数据平台市场模式则弥补了这一不足，可以让非标准化的数据以数据接口的方式进入市场，在保证企业核心商业数据的不外流情况下，通过多方协同计算生成相应产品。因此，在第二、第三级市场中，除了场内交易外，需要建立多种场外交易模式，弥补场内交易的不足，促进各种场景的各种数据要素的流通。

　　加快"多层次多样化"数据市场的分类试点工作，促进数据市场体系的完善。为了具体的落地，按照改革的一般路径，要素市场化改革也应该遵循先试点后推广的路径。需要先进行多层次多样化的数据市场体系的试点，比如第一层市场的分布式交易模式、第二层市场的分布式场

———————————

① 根据该企业 2021 年开发者大会的公开资料整理。

外交易模式以及第三层数据平台市场等具体的数据要素交易模式试点。特别是调动大型企业以及中小型企业践行多层次市场规则，同时搭建场内场外交易，丰富实践案例。通过试点，可以获得具体的实践经验，然后总结各种要素交易模式的优缺点，进一步完善交易模式和市场体系，最后因地制宜地制定数据市场交易范式。

第四节　数据市场监管

随着市场主体不断发展壮大，生产运营、售后保障等各环节也亟待规范，数据市场监管面临着新的挑战。与传统监管方式相比，大数据监管更多采用"互联网＋"等手段，有效整合各类信用信息，建立风险预判预警机制，及早发现防范苗头性和跨行业跨区域风险，实现监管资源配置在需要监管的重点领域、重点环节、重点对象上。如大数据监管能够根据企业的不同信用状况实行差别化监管措施。对信用状况好、风险小的市场主体，合理降低抽查比例和频次，尽可能减少对市场主体正常经营活动的影响；对信用状况一般的市场主体，则执行常规的抽查比例和频次；对存在失信行为、风险高的市场主体，则提高抽查比例和监管频次。这一监管方式，有效提升了监管效能，维护了公平竞争，降低了市场交易成本。

但由于场景天差地别，且多为碎片化情景，因此数据市场如何实施有效监管机制目前莫衷一是。此节将延续数据分级分类的思想丰富数据市场监管框架，探讨全面升级市场监管领域新时代监管模式，构建现代化市场监管体系。

针对分类分级数据授权体系，以及全流程数据产业链环节、不同场景的数据交易市场，应建立相应的分类分级市场监管体系。而该监管体系必须发挥多方主体的力量才能实现共治共建、成果共享的初衷。首先，各相关企业应承担所收集持有数据要素建立分类分级体系的主体责任，大中型企业和专门从事数据产业的企业是近期落实分类分级工作的重点。鼓励企业成立专门的数据治理部门，有专人负责落实分类分级活动。其次，鼓励相关行业协会和行业组织通过制定行业标准，发展第三方认证体系，开展行业协作交流或活动等多种方式，大力推动数据要素分类分级工作。最后，各级政府及主管部门应该承担数据要素分类分级的督促和落实工作。县级以上政府负责对所管辖范围的政务数据分类分级工作的落实，同时大力推动、指导和监督落实好辖区内各市场主体和社会组织的数据分类分级工作。

具体构想如下，按照类别越高级别越高，监管措施越严格的原则，建立四层次的监管机制：许可经营、备案制、自主经营、开发共享①。具体如下：

第一，针对敏感程度很高或授权程度很高的数据，采取负面清单制度，原则上不允许收集交易。对于确有需要的情形，采取许可经营制度，进入相关市场须经经营范围内省以上相关行政部门许可，并接受相应监管。

第二，针对严格限制条件下可商用但授权程度较低数据，以及一定条件下可商用但授权程度高的数据，主要采取备案制。数据持有者应每年编制《年度数据要素使用概要》，对当年度持有相关数据的范围、数量、来源、数据交易流转、相关内部监管措施及合规情况等进行报告，并报行政主管机关备案。建立行业标准评价机构，通过第三方认证体系，定期对数据使用情况进行安全监督检查。

第三，针对一定条件下可商用并且授权程度较低数据，以及宽松条件下可商用但授权程度较高数据，采取自主经营原则。鼓励相关市场主体自主进出相关市场，并促进数据市场要素充分流动和使用。

第四，针对公开数据以及较低授权程度的宽松条件下可商用数据，

---

① 参考戎珂、杜薇、刘涛雄：《培育数据要素市场与数据生态体系》，《中国社会科学内部文稿》2022年第2期。

应采取自主经营，鼓励共享的原则。鼓励相关市场主体自主进出相关市场，并促进数据市场要素充分流动和使用。鼓励相关数据面向社会开放共享，各级政府可建立鼓励数据开放共享的财税激励机制。

总而言之，大数据赋能市场监管，能够更好维护人民群众切身利益。推动大数据赋能市场监管，不仅需要建立和完善各类市场主体的信用体系，还需要让各类信用体系有效对接，形成统一的机制，让失信者无处躲藏，让企业数据能够更好提高社会福利。与此同时，要支持社会力量积极参与，鼓励发挥行业组织、第三方信用服务机构作用，全面构建现代化市场监管体系，形成全社会共同参与信用监管的强大合力，最终形成健康韧性的数据生态。

下篇
大国复兴的数据战略

中国具有天然的大数据规模优势，建设数据强国对引领数字经济时代发展和实现中华民族伟大复兴具有重要意义。下篇内容主要围绕大国复兴的数据战略展开，共分为三部分：首先，聚焦数字经济发展的新时代，研究数据要素对"三新一高"发展的意义；其次，基于数据要素对经济社会发展的新内涵，研究数据要素对共同富裕的影响；最后，基于数据国际化问题提出中国引领数字文明的意义和具体路径。

第七章　数据要素与"三新一高"发展

　　2020 年 10 月 29 日，中国共产党第十九届中央委员会第五次全体会议通过《中共中央关于制定国民经济和社会发展第十四个五年规划和二〇三五年远景目标的建议》，提出"三新一高"，指出在立足新发展阶段基础上，应坚定不移贯彻创新、协调、绿色、开放、共享的新发展理念，加快构建以国内大循环为主体、国内国际双循环相互促进的新发展格局，促进高质量发展。目前我国已进入高质量发展阶段，数字经济发展基础良好。2019 年我国数字经济规模已达 5.2 万亿美元，位列全球第二，仅次于美国。同时截至 2019 年，我国数字经济增速已经连续 3 年保持世界第一，2019 年我国数字经济增速为 15.6%，远超美国 6% 的增速。2020 年，在全球新冠肺炎疫情泛滥的背景下，我国数字经济在逆势中实现了加速腾飞，依然保持了 9.7% 的高速度增长，数字经济规模增速约为我国 GDP 增速的 3 倍，有效支撑了我国经济社会的恢复。

　　从"To ICBD 计划"① 入手，释放数据要素活力、构建安全高效的数据市场体系：完善数据治理的顶层设计，是贯彻新发展理念、构建新发展格局的重要路径，将从动力变革，到效率变革，再到质量变革三个阶段，为高质量发展注入新的动力。

---

① To ICBD 计划是本书独创的数字经济体系框架，详见本章第四节。

第一节　立足新发展阶段，数据要素成为新引擎

历经以农业技术为第一生产力的农业经济时代和以蒸汽技术、电力技术为第一生产力的工业经济时代，如今人类已经迎来以信息技术、数字技术为第一生产力的数字经济时代。数字经济时代到来，我国已转向高质量发展阶段，随着信息技术和数字技术的发展，数据要素成为经济发展的新引擎。2019年10月31日，党的十九届四中全会通过的《中共中央关于坚持和完善中国特色社会主义制度　推进国家治理体系和治理能力现代化若干重大问题的决定》在"坚持和完善社会主义基本经济制度，推动经济高质量发展"一节中首次将数据作为与"劳动、资本、土地、知识、技术、管理"并列的生产要素参与分配。由于数据要素具有非竞争性、规模报酬递增性、部分非排他性等性质，且复制、共享成本低，区别于传统生产要素，数据要素能够更高效地赋能经济发展。数据要素提高了研发效率、生产效率、市场效率，经过本书测算，数据要素对于经济增长的贡献占全部要素投入的贡献比率为23.98%。数据对提高生产效率的乘数作用不断凸显，成为最具时代特征的生产要素，是基础性资源和战略性资源，也是重要生产力。

作为数字时代的新引擎，数据要素与劳动、资本、土地等传统要素相比，总量更为丰富、驱动更为持久、赋能也更为多样。数据要素来源于人类的生产生活，与传统要素相比，数据要素的生产"原料"——数据资源的稀缺性大大降低。同时，数据易复制、保存，复用率高，数据要素的损耗与折旧较小，能够长期、多次投入生产。在信息技术与数字技术的支持下，数据要素能够为经济的长足发展提供充足而持续的动力。此外，数据要素不仅具有传统要素促进知识创造、提高生产效率的功能，也能作用于市场，促进传统要素的供需匹配，降低搜寻成本、减

少信息不对称和信息摩擦，极大提高市场匹配效率，促进市场经济高速运转。

为充分挖掘数据要素的价值，成为新发展阶段的新引擎，需要完善数据要素的市场化过程。2020 年 4 月《中共中央　国务院关于构建更加完善的要素市场化配置体制机制的意见》要求探索建立统一规范的数据管理制度，完善产权性质、制定数据隐私保护和安全审查制度，提高数据质量和规范性，丰富数据产品，加强数据资源的整合和安全保护。数据资源经过"资源要素化"后应保证要素"可定价、可交易、安全性、隐私性"。数据要素价值化要求建立多层次数据要素市场，一级市场解决原始数据授权问题，二级市场交易授权后的数据，三级市场是数据产品以及服务的交易市场。把握数据要素机会、加快实施数据要素战略将为我国高质量发展带来新的经济增长点。

第二节　贯彻新发展理念，健全数据要素市场体系

数据要素释放新动能，有利于完整、准确、全面贯彻新发展理念，为经济社会高质量发展注入新动力。

（1）数据要素与创新发展。推动数据要素市场体系初步建立、建成数据资源体系，数据资源将推动研发、生产、流通、服务、消费全价值链协同。2021 年国务院发布《"十四五"数字经济发展规划》，指出爆发增长、海量集聚的数据能够通过推动智能化发展，助力数字技术自主创新，协同推进技术、模式、业态和制度创新。数据要素推动新产业、新业态、新模式持续涌现、广泛普及，将带动实体经济提质增效。同时，数据要素市场化建设，数据要素交易机制与分配方式的探索，激发市场主体创新活力。

案例 1：5G 与智慧医疗 [①]

数字经济时代，人工智能（AI）、大数据（Big Data）、云计算（Cloud Computing）等数字技术在各个领域飞速发展。5G 作为承载、融合各个数字技术的工具，具有"大带宽、低时延、广连接"的特点。截至 2021 年底，我国已建成 115 万个 5G 基站，达到全球的 70%；5G 的用户数已达 27%，连接的终端数量也已至 4.5 亿的量级，已然拥有较大的用户基础。在 5G 通信指标（带宽、时延、连接）方面的提升作用下，5G 在数字经济时代能适应众多场景，如工业互联网中的产线检测、智能工厂数字孪生。智慧医疗也是 5G 应用的重要领域。

2020 年，由云南省第一人民医院主导，与中国联通公司联合研发 5G 环境下智慧医疗技术——"智慧医疗辅助远程决策及手术导航系统"，成为云南省智慧医疗发展与普及的代表性技术。利用数字医学技术，"智慧医疗辅助远程决策及手术导航系统"能够做到手术前将病灶数据化、可视化，精确标识手术方案，手术中反复模拟手术、人工智能远程实时动态手术导航、手术效果快速评估。其中，5G 与 MR（混合现实）技术结合，完成多中心超远程手术协同，5G 将导航操作平台移动到中心控制室由专家远程指导，避免感控风险，同时在手术中及时调整虚拟解剖 3D 图像的方位与大小，手术中的每一处细节都通过每一帧画面被 5G 信号传递至中央控制室，为医师、患者带来"零时差""零距离"的手术体验。

[①] 参见《云南省第一人民医院：智慧医疗辅助远程决策及手术导航系统》，中国医院协会信息专业委员会网站，见 https://www.chima.org.cn/Html/News/Articles/6246.html；《5G 技术的创新案例》，腾讯新闻，见 http://xw.qq.com/cmsid/20211210A02zmw00?f＝nnewdc。

目前,"智慧医疗辅助远程决策及手术导航系统"已在云南省多家医院推广应用,在提高手术安全性和医疗质量、缩短不同资历医师或不同发展水平地区之间手术技术差距等方面起到重要作用,推动了云南省整体医疗水平的提高,提高了省内不同地域医疗资源的均质性。

(2)数据要素与协调发展。完善与数字经济发展相适应的法律法规制度体系,数字经济安全体系进一步增强。在此基础上,建立健全安全高效的数据要素市场能够通过产业互联网赋能传统产业,农业数字化转型快速推进,制造业数字化、网络化、智能化更加深入。数字产业化和产业数字化协调发展将推动数字经济进入深化应用、规范发展、普惠共享的新阶段。

案例2: 智慧农业数字乡村——浙江乡村智慧网 [①]

借数字乡村战略之东风,浙江省加快转变农业数字化进程。2020年5月,浙江农业农村厅数字"三农"专班组建,为推进农业农村业务数据和信息资源整合,搭建"在线互联、数据共享、业务协同、支持决策"的浙江乡村智慧网,生态渔业科技服务平台设于恒南水产交易服务中心,通过联结水产养殖业监测点,实行24小时监控,遇突发情况则示警,有时甚至能给出解决方案。长久以来,淡水养殖依赖渔农自身经验,风险高、投入多、污染大,而生态渔业科技服务平台让"三年奔小

---

① 参见《浙江省人民政府关于推进乡村产业高质量发展的若干意见》(浙政发〔2020〕21号)》,浙江省人民政府,2020年8月4日,见 https://www.zj.gov.cn/art/2020/8/28/art_1229017138_1271743.html;《浙江:让城市和乡村更聪明更智慧》,央广网,2020年12月19日,见 http://zj.cnr.cn/tt/20201219/t20201219_525368404.shtml。

康，一夜赔精光"的悲剧与无奈留在历史长河中，通过智能监测手段让渔农摆脱"靠天吃饭"的命运。平湖的绿迹数字农业生态工厂采用沙培、气雾培和水培种植蔬菜，智能温室大棚的通风、施肥、喷水、调温等，全都自动采集数据并实现自动控制。新型栽培技术加上信息化的高效管理，节本增效明显，产量产值均达一般大棚蔬菜的 8 倍以上。遂昌县在百姓自发开网店的电商基础上，于 2012 年与某互联网平台企业签订战略合作协议，组建"赶街"电商总部，其网点覆盖 200 余县、4000余乡镇、1.2 万个行政村，1600 多万村民。

浙江省推动"远程养殖""数字农庄""农村电商"推广与发展，推动数字农业发展，探索独特的农业数字化与乡村振兴道路。

(3) 数据要素与绿色发展。数据要素推动企业数字化转型、数字产业化发展，将培育数字经济新产业、新业态和新模式，能够支持构建农业、工业、交通、教育、安防、城市管理、公共资源交易等领域规范化数据开发利用的场景，促进能源、产业结构调整，推进绿色发展，实现"碳达峰、碳中和"目标。

案例 3：宝钢 1580 热轧示范产线 ①

2016 年 9 月，宝钢启动 1580 智能车间改造项目，计划搭

---

① 参见《1580 热轧产线三电系统改造取得阶段性成果　提前三个月完成工程施工计划节点》，宝钢新闻中心，2011 年 12 月 15 日，见 http://bg.baosteel.com/contents/3309/53218.html；《施耐德电气：助力打造中国钢铁首个无人行车智能车间》，控制工程网，2017 年 11 月 21 日，见 http://article.cechina.cn/17/1121/01/20171121014255.htm；张健民、单旭沂：《热轧产线智能制造技术应用研究——宝钢 1580 热轧示范产线》，《中国机械工程》2020 年第 2 期；中国信通院：《数字碳中和白皮书》，见 http://www.caict.ac.cn/kxyj/qwfb/bps/202112/t20211220_394303.htm。

建自动化、无人化、智慧化平台实现产品的生产管理。宝钢将改造分为三个阶段，并计划在第一阶段改造完成后实现"能耗到卷、成本到卷、产线绿色运行"。

2017年5月，1580智能车间进入无人操作、自动运行状态。7月，改造项目验收考核，行车全自动投入率稳定在98.5%以上，劳动效率明显提升；板坯库倒垛率提升至70%—80%，彻底杜绝物品丢失。2018年，"热轧1580智能车间"建成，该系统包括智能模型与控制、智能物流、设备状态诊断和预测性维护、工艺过程在线检测、绿色产线、可视化虚拟工厂、智能排程、质量一贯管控八大模块。其中，在单体设备、工艺控制、产线协同方面推动绿色节能，除鳞泵、主电机冷却风机改造，加热炉最佳空燃比模型开发等节能控制工艺。

宝钢的"热轧1580智能车间"在作业无人化、全面在线检测、过程控制系统、设备状态监控与诊断、产线能效优化、质量管控、一体化协同计划、可视化虚拟工厂等八个领域进行数字化改造，工序能耗下降6.5%，并于2019年入选达沃斯世界经济论坛"灯塔工厂"。

（4）数据要素与开放发展。加快实施数据要素战略有利于中国先行建立健全数据要素体系，参与数据要素确权、授权、流通交易、分配、安全等领域的国际标准和规则的制定与落地，从而积极参与到国际数据要素治理当中，推动全球数据要素市场的建设与运行。随着"数字丝绸之路"深入发展，中国加快推动数据资源要素化、数据要素市场化，统筹开展中国—中东欧数字经济合作、共建"一带一路"国家开展跨境光缆建设合作等境外数字基础设施共建，有效拓展数字经济国际合作，助力发展中国家共享数据要素带来的新动能与新财富，为中国引领数字经济时代下全球互利互惠、合作共赢的新方向提供有力支撑。

案例 4：海南自贸港国际互联网数据专用通道 ①

随着海南自由贸易港建立，海南企业对外交流、国际通信需求愈发旺盛。2021 年 6 月，《海南自由贸易港建设总体方案》主张"数据安全有序流动"，提出开展国际互联网数据交互试点。海南省工信厅和海南省通信管理局联合组织申报海南自贸港国际互联网数据专用通道，已得到工信部批复。

国际互联网数据专用通道覆盖洋浦经济开发区、博鳌乐城国际医疗旅游先行区、海南生态软件园、三亚崖州湾科技城、海口国家高新技术产业开发区、海口复兴城互联网信息产业园、海口江东新区、海口综合保税区、三亚互联网信息产业园等 9 大园区，服务于外向型企业，联结北上广国际通信出入口专用链路。该国际互联网数据专用通道将提升国际互联网访问质量，全球网络平均时延降低 12.84%，平均丢包率降低 89.54%，主要性能指标与新、日、韩等东亚、东南亚国家相当，适用于国际网站访问、跨国视频会议、大文件传输等场景，有助于改善国际通信营商环境，发展外向型产业。

（5）数据要素与共享发展。建立健全数据要素市场，生产性服务业融合发展加速普及，生活性服务业多元化拓展显著加快，提高社会服务与国家治理水平。数据要素的发展将塑造数字经济优势，促进公共服务普惠均等、数字治理体系更加完善。信息无障碍等数字基础设施对生产生活，对政务服务、公共服务、民生保障、社会治理的支撑作用进一步凸显。政府主导、多元参与、法治保障的数字经济治理格局基本形成，

---

① 《海南自贸港国际互联网数据专用通道开通》，海南省人民政府网站，见 https://www.hainan.gov.cn/hainan/5309/202104/19eb8c63934a4b9ba98df6cf6e4b03ac.shtml。

治理水平明显提升。

案例5：福建省厦门市政务信息共享协同平台 ①

福建省厦门市通过建立政务信息共享协同平台，实行"实施服务调用共享为主，分时数据交换共享为辅"的混合共享协同模式，搭建多部门互通的数字化政务治理和服务平台。2019年，厦门已建成人口、法人、交通、信用、证照、空间、视频等7个基础资源库，70个部门近8.7亿条数据在市政务信息共享协同平台中共享交换，67个单位的1030项政务服务受益于共享协同平台。

2018年底，厦门市实现全市市直部门内部整合，各部门政务信息系统接入"市政务信息共享协同平台"，加快消除僵尸信息系统、部门内部信息系统整合共享、推进形成统一的非密电子政务网络、推进接入统一政务数据汇聚共享交换平台、加快政务数据开放网站建设、编制数据资源目录、完善数据标准、全面推进"互联网＋政务服务"，项目建设运维统一备案，审计、监督和评价信息共享，推动实现政务信息化。共享协同平台中的接入单位承担着资源生产方与消费方的双面角色，共建"人人为我，我为人人"的政务协同环境。

如今，厦门已完成部门间无障碍数据共享，共享协同平台已完成73个交换通道，超3亿次平台数据调用，消除部门间

_____

① 参见中国信通院：《2021中国数字经济发展白皮书》，中国信通院网站，见 http://www.caict.ac.cn/kxyj/qwfb/bps/202104/t20210423_374626.htm；《政务信息系统整合共享实施方案》，中华人民共和国中央人民政府网站，2017年5月30日，见 http://www.gov.cn/gongbao/content/2017/content_5197010.htm；《厦门：政务数据部门间无障碍共享》，中华人民共和国中央人民政府网站，2019年1月18日，见 http://www.gov.cn/xinwen/2019-01/18/content_5358936.htm。

数据共享"鄙视链",实现"数据多跑路,人民少跑路"。

健全数据要素市场,充分释放数据要素价值,更好地让数据要素与五大发展理念相结合,促进经济体健康发展。建立健全数据要素市场,构建安全高效的数据市场体系和数据要素市场化的"三位一体"支撑体系,降低数据要素市场交易过程中的价值损耗,从而能够更充分地刺激数字经济时代信息技术与数字技术的创新与进步,塑造新市场、带来新分工,促进创新发展;赋能传统经济,提升效率,推动传统产业转型升级、加速新产业形成,促进协调发展;变革生产模式、调整能源、产业结构,推动实现"碳达峰、碳中和"目标,促进绿色发展;加快形成全球数据治理的先发优势,积极参与到国际数据共治之中,促进开放发展;推动数据基础设施建立完善,服务数字化国家治理能力和治理体系建设,促进共享发展。

第三节　构建新发展格局,数据要素促进双循环

推动数据资源要素化、数据要素市场化能够促进数字经济健康发展,带动经济结构调整优化,推动构建以国内大循环为主体、国内国际双循环相互促进的新发展格局,实现国民经济与社会健康发展。2021年10月,习近平总书记在主持中共中央政治局第三十四次集体学习时强调,数字经济"正在成为重组全球要素资源、重塑全球经济结构、改变全球竞争格局的关键力量",[1] 发展数字经济是把握新一轮科技革命和产业变革新机遇的战略选择。

以国内大循环为主体,数据资源要素化、数据要素市场化为数字经

---

① 《推进信息服务科技创新　助力数字经济蓬勃发展》,《人民日报》2021年12月30日。

济发展打好坚实基底，充分发挥国内市场优势潜力。深化数据要素市场化进程，打通确权、授权、加工、交易、分配等各环节构成的数据全价值链，促进国内市场大循环效率的提升。以数据要素促进技术创新，促进物联网、云计算、大数据、人工智能、区块链、5G 等新一代信息技术应用，赋能市场主体、鼓励广大中小企业推进数字化转型，推动产业数字化、数字产业化相辅相成，推动供给侧结构性改革，形成数据要素的新经济增长点、增长极，打造未来发展新优势。构建数据生态，赋能实体经济，呼应已有消费需求、创造新型消费场景，促进国内需求结构升级，同时推动高水平开放型经济，将国内市场与国外市场相对接。

国内国际双循环相互促进，健全数据要素体系，积极参与到国际数据要素治理当中。放眼全球，全球主要国家和地区先后进入数字化转型阶段，世界主要国家高度重视发展数字经济，对外争取市场、采取多种举措打造竞争新优势，纷纷出台战略规划、规则输出意愿增强。此外，数据安全、平台垄断、技术壁垒等新问题、新挑战层出不穷，多边议题谈判进程屡受阻碍，虽然已形成分别以欧盟、美国为代表的两派数据治理框架，但尚未形成统一的全球数据要素市场。在以欧盟、美国主导的数据治理背景下，中国加快推动数据资源要素化、数据要素市场化，能有效拓展数字经济国际合作，形成先发优势，依托双边和多边合作机制，开展数字经济标准国际协调和数字经济治理合作，最大可能地激发我国数据要素价值、反哺国内数字经济发展。在此基础上，中国为跨境数据交易治理、共享数据要素发展成果探索新思路、新方案，构建和平、安全、开放、合作、有序的网络空间命运共同体。总而言之，数据作为数字经济时代的核心要素，其市场化的建立与完善将释放数据要素活力，将使对外开放更加安全、高效，推动构建以国内大循环为主体、国内国际双循环相互促进的新发展格局，形成高质量发展新局面。

数字技术、数字经济是世界科技革命和产业变革的先机，是新一轮国际竞争重点领域。通过数据资源要素化、数据要素市场化，更充分地发挥数据对市场匹配的促进作用，为数字经济的发展奠定坚实基础，促进国内需求升级；同时通过试点建立良好数据治理体系与制度框架，以更积极的姿态参与到国际数据共治中，抓住先机、抢占未来发展制高点。

第四节　促进高质量发展，完善数据治理顶层设计

促进高质量发展是新发展阶段、新发展理念和新发展格局的最终目标和要求，数据要素促进高质量发展，需要从"To ICBD 计划"入手，完善数据治理顶层设计，从动力变革、效率变革、质量变革三个维度促进高质量发展的实现。"To ICBD"的内涵是数字经济体系的整体框架，I（Digital Infrastructure 数字基础设施），C（to C 双边平台），B（to B 产业平台），D（Data 数据要素的顶层治理格局），数据要素通过赋能数字经济的底层基础、组织模式、顶层治理格局，实现数字经济时代的三大变革。通过积极探索数据治理模式，以治理后能促进社会整体创新水平为出发点，发挥大数据的规模报酬递增优势，从而提高全社会福利水平，实现高质量发展。

1. 数据要素与数字基础设施建设相结合，培育经济增长新动能，实现动力变革。数字基础设施包括硬件、软件、网络、云基础设施，构成了数字经济框架的技术底座，是数字经济时代经济增长的基础动能。其中，与数据相关的一系列软硬件环境是数字基础设施的重要组成部分，比如硬件层的数据中心、分布式数据中心（与边缘计算的发展相关），软件层的数据库，用于数据互联互通的 5G 网络，其他数字基础设施的部分基本都与数据要素有着紧密的联系。一方面，数字基础设施是数据要素发挥生产力的关键支撑，支持中国大数据产业规模快速增长，工信部数据显示，自 2016 年以来，中国大数据产业年均复合增长率达 30%

以上，2020 年大数据产业规模超过 1 万亿元。① 另一方面，对数据要素的需求又反过来促进数字基础设施的建设。在大数据时代，产业数字化和数字产业化趋势的推动下，对于数据的需求迅速增长，与数据相关的硬、软、云、网等基础设施建设速度加快，IaaS、PaaS、SaaS 等数字化服务增长迅速。以全国数据中心建设为例，自 2011 年开始建设数据中心以来，建设及投入使用规模每年以较快速度增长，截至 2021 年上半年，中国数据中心在用机架总规模达到 400 万架以上，总算力达到 90EFLOPS，机架规模数据是 2016 年底在用机架总规模量的 3 倍以上（2016 年在用机架总规模约 124 万）。② 数据中心基础设施建设速度之快源于全国各地区、各行业对数据的大规模需求，现供给已基本满足需求，但未来仍将进一步加大规模投入。总而言之，数据要素与数字基础设施相结合，两者相互促进，构成数字经济的关键底座，以数据为核心关键生产要素的数字经济通过发挥数据价值，有效延伸和细分产业链，将过去难以充分发挥价值的要素和环节激活，释放新动能、实现新发展，促进经济增长的动力变革，推动高质量发展。

2. 数据要素赋能双边平台与产业平台，形成数字经济新型组织模式，并通过加强数据反垄断治理，实现效率变革。传统工业经济下，企业结构主要为供应链模式。随着信息和数字技术的高速发展，经济结构也随之发生转变，出现了 to C 端双边平台与 to B 端产业平台的新型组织模式。以消费端为主的双边平台模式首先大量出现，to C 端双边平台的关键在于网络效应，体现在平台作为中介，对接起终端的卖家、服务商和消费者，促进交易的完成。同时，又在经济结构转型创新的推动下，to B 端产业平台也快速发展，该平台基于行业的共性技术，为整个行业提供能力基础，支撑起整条产业链。数据要素通过赋能 to C 端双

① 中国工业和信息化部，见 https://www.miit.gov.cn/xwdt/gxdt/ldhd/art/2021/art_685da90fa8614359b30372972de1b474.html。

② 中国工业和信息化部，见 https://www.miit.gov.cn/zwgk/jytafwgk/art/2021/art_9dbe6f2aecc149568927fbaaf01e6bdd.html。

边平台和 to B 端产业平台，提高全社会资源配置效率。在双边平台中，比如互联网打车平台、电商购物平台等，数据要素对于产生正向网络效应至关重要，平台企业利用用户数据，进行信息挖掘与计算，形成用户画像，从而更好地使平台上的卖家匹配消费者需求；但与此同时，平台用户的数据安全、隐私保护等问题逐渐引起关注，在国家出台的《数据安全法》《个人信息保护法》中逐步得到规范。在产业平台中，比如海尔 COSMOPlat 工业互联网平台、腾讯产业互联网、树根互联等，数据要素与云计算、物联网、5G、人工智能等数字技术相结合，充分发挥了信息挖掘和匹配功能，以工业互联网为例，数据要素在供应链的研发设计、制造生产、市场匹配等各个环节中发挥巨大作用，提高资源利用和匹配效率。在双边平台和产业平台的基础上，平台型公司开始培育自己的平台生态，纷纷基于原有平台模式扩张生态版图，涉足的业务逐渐多元完整，囊括了交易、社交、娱乐、高新技术等多元化业务，数据要素在平台生态中发挥更大的规模效应，从赋能单一业务和单一商业模式，转变为赋能业务网络和生态型商业模式，提高了对实体经济的支撑和赋能作用，实现效率变革。

但与此同时，数据要素赋能平台经济又在一定程度上带来了平台垄断的风险，需要通过数据要素治理将风险转化。海量的、可自生长的数据要素，既是平台实现垄断的"资本"，也是平台想要垄断的目标资源。[1] 平台对数据进行控制，一方面提供了更全面的服务以巩固垄断地位，另一方面对消费者和商家实行了价格歧视，损害了使用者的正当权益。[2] 从数据要素市场来看，我国数据绝大部分来自 to B 端，比如很多 AI、车联网、工业互联网等行业每天产生和收集大量的个人和产业数

① 韩文龙、王凯军：《平台经济中数据控制与垄断问题的政治经济学分析》，《当代经济研究》2021 年第 7 期。

② 谢运博、陈宏民：《互联网企业横向合并、价格合谋与反垄断监管建议》，《工业工程与管理》2017 年第 6 期。

据，但是这些彼此又不流通，形成数据孤岛、数据垄断。① 因此，产业平台反垄断的重要任务，就是反对数据要素的垄断。在政策层面，我国已经对平台反垄断问题进行了规制，国务院反垄断委员会于 2021 年 2 月发布《关于平台经济领域的反垄断指南》，接下来需要进一步通过完善数据要素治理的顶层设计，通过数据反垄断实现平台反垄断。具体而言，通过向平台企业收取数字税费的治理模式，防止平台企业恶意收集用户数据，限制数据垄断，也给予数据提供者一定的补偿；通过构建有效的数据要素交易市场，真正让数据流动起来，减少数据孤岛的形成。总而言之，数据要素在赋能平台发展的同时，辅之以数据反垄断治理，从而提高社会的资源配置效率，实现数字经济时代的效率变革。

3. 形成数据要素治理的顶层格局，以数据服务国家现代化治理，并积极参与国际数据要素治理，构建数字人类命运共同体，实现全方位的质量变革。在国内治理格局中，数字治理已经成为一种行之有效的治理手段。在社会治理领域，数据要素与数字技术相结合有效提高了政府精细化治理和服务能力，特别是在重大公共安全和应急事件面前发挥了重要作用；在经济治理领域，政府和大型平台企业联动配合，规范行业发展，维护经济稳定、高效运行；在其他领域，数据要素和数字技术也不断赋能各个领域从信息化治理向数字化治理转型。在全球数据治理中，中国通过健全自身数据要素市场，形成系统化、标准化的数据治理体系，向世界贡献数据要素治理的"中国方案"，从而积极参与到国际数据治理中来；并通过完善数据要素跨境流通方案，基于已有区域多边合作框架，确立数据跨境的朋友圈，并进一步向全球推广，形成全球数据治理的统一规制，构建数字人类命运共同体，在国内外全方位实现"高质量发展"中的质量变革。

总而言之，从"To ICBD 计划"入手完善数据治理顶层设计的核心

---

① 魏江、刘嘉玲、刘洋：《数字经济学：内涵、理论基础与重要研究议题》，《科技进步与对策》2021 年第 21 期。

思路是"让数据流动起来",从而实现从动力变革,到效率变革,再到质量变革的高质量发展过程。(1)如何让数据流动起来?需要充分释放数据要素价值,发挥数据要素的经济贡献和社会贡献。第一,推动数据要素市场化路径的实现,从原始数据资源化,到数据资源要素化,再到数据要素产品化,打通数据价值链。第二,构建安全高效的数据市场体系,打造由产业价值网络和泛社区网络构成的数据生态,在动态迭代演化中支撑数据市场体系。在数据产业价值网络中,首先通过个人数据、行为数据和平台数据产品的分类确权,明确数据要素权属,其次构建数据分级授权市场,全方位提升企业、用户、社会整体福利;在数据交易阶段,通过定价模型明确数据要素的定价方式,同时推进多元化的数据交易模式,并进行分级数据市场监管。(2)在数据要素实现流通的基础上,需要完善数据要素收入分配方式,在初次分配通过数据要素市场确定要素报酬以保障效率的基础上,在二次、三次分配中兼顾公平,防止数据垄断,切实提高社会福利水平,让数据要素促进共同富裕的实现。(3)同时积极参与数据要素国际治理,构建数字人类命运共同体,全方位实现质量变革。

第八章　数据要素与共同富裕

近年来，数字经济日益成为各国经济增长的重要驱动力。许宪春等（2020）指出，中国的数字经济增加值从 2007 年的 1.39 万亿元逐年增长至 2017 年的 5.30 万亿元，年平均增长率达到了 14.32%，累计增长近 4 倍。2017 年中国数字经济增加值在 GDP 中的占比约为 6.46%，成为国民经济的重要组成部分。数字经济的发展让数据的价值不断提升，《经济学人》杂志在 2017 年指出"世界上最有价值的资源已不再是石油，而是数据"。2017 年，习近平总书记主持中共中央政治局第二次集体学习并在讲话中指出"要构建以数据为关键要素的数字经济"。2020 年，《中共中央　国务院关于构建更加完善的要素市场化配置体制机制的意见》将数据作为一种新型生产要素写入文件。2021 年，国家统计局发布的《数字经济及其核心产业统计分类（2021）》对数字经济作出具体定义，并指出"数据资源是数字经济发展中的关键生产要素"。由此可见，数据成为生产要素，并成为数字经济关键组成，已经成为国家共识。

第一节　数据要素的经济贡献

数据要素首先是一种存在于数据库、云平台等互联网虚拟空间中的资源，它的本质是二进制的字符串，虚拟性是其最基本的属性特征。因此，数据要素可以被看作是现实世界的一种映射，是现实世界产生的孪生资源，能够支撑一个虚拟的"平行世界"的发展，元宇宙（Meta-verse）概念的横空出世便是一个典型的案例。2021年11月，在虚拟世界平台Decentraland中，数字资产投资集团Tokens.com的子公司Meta-verse Group斥资243万美元（约合人民币1552万元）的高价买下了一块数字土地，该"土地"由116个约4.87平方米的土地组成，总面积大约565.8平方米，在未来将会被来举办数字时尚活动以及售卖虚拟服装。从某种意义上来说，数据要素所创造出的虚拟资源，为现实世界的资源倍增提供了可能性，这在未来将具有巨大的发展前景和空间。但就目前而言，元宇宙的概念和应用尚处于起步阶段，对于经济贡献的途径及体量都相对有限，数据要素的资源倍增机制，更多地体现在现实社会的资源利用效率倍增上。具体来说，数据要素能够在供应链的各个环节，与传统要素相结合，或者发挥传统要素未有的作用，从而有效促进经济增长。

数据要素可以从三个途径对经济增长作出贡献：新知识、新生产、新匹配。第一，数据要素可以作为一种研发投入要素，促进知识生产，提高研发和创新的效率。数据要素可以是经济活动的一种副产品，消费者在消费过程中产生了数据，被中间产品部门或最终产品部门的企业所收集。对于这些企业而言，数据要素能够提升想法或者知识的质量，通过知识数量和质量的积累以及知识的外溢，企业的创新能力和创新效率得到了提高，新产品的种类不断丰富，促进了经济增长。第二，数据要素能够作为独立要素或者传统要素的互补或替代要素投入生产。数据要素可以作为企业的资产，形成数据资本。这些数据资本能够直接作用于企业的生产，从而促进经济增长。不仅如此，数据要素还可以优化企业生产要素的配置，推动其他生产要素的优化升级，促进全要素生产率的改进和产出规模的增加。第三，数据要素能够极大地提高市场的匹配效率，使市场经济更高效地运转。数据要素可以降低搜寻成本、减少信息不对称和信息摩擦，这使得企业能够更准确地判断何时何种产品在消费者处的价值更高，消费者的需求也能够得到更快和更好的满足。这样，供给和需求能够迅速而准确地匹配，有望显著提高市场的有效性。在这三种机制中，数据要素的边际报酬存在一定的差异，后面将会展开讨论。

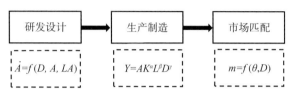

图 8-1　数据要素经济影响的赋能渠道

如图 8-1 所示，数据要素在供应链的上中下游都发挥了重要作用。在研发设计环节，知识 A 的增长除了受到现有知识水平以及从事研发工作的劳动力影响外，也由数据要素的存量 D 所决定。在生产制造环节，数据要素作为与实物资本 K 和劳动力 L 并列的独立要素，能够直接参与产品与服务的生产过程。最后，在末端的市场匹配中，供需匹配的效率 m 一方面取决于市场的"紧张"程度，另一方面也取决于有多少的数据 D 用来支持算法分析以提高资源的调配效率。

一、数据要素赋能研发环节

在研发环节，创新是产品和服务的生命。2017 年 12 月，习近平总书记强调加快形成以创新为主要引领和支撑的数字经济，并指出了要发挥数据的基础资源作用和创新引擎作用。Agrawal 等（2018）[①] 提出创新的本质实际上就是在高度复杂的知识空间当中发现既有知识的全新组合，是利用并结合现有知识产生新知识的结果。虽然这样的机制听起来简单，但在基因学、材料学、药学以及粒子物理学等广泛的创新

---

① Agrawal A., McHale J., Oettl A., Finding Needles in Haystacks: Artificial Intelligence and Recombinant Growth, *NBER Working Paper*, No. 24541, 2018.

前沿领域的实际操作中，这一发现的难度却犹如大海捞针，这也是为什么每一个有用的创新推进都那么来之不易和激动人心。而数据要素的积累和利用，则极大提高了这一发现过程的效率。通过驱动人工智能技术的发展和运行，数据要素能够帮助显示哪些知识组合具有最高的发展潜力，从而提升预测有用知识组合的准确性，进一步提高创新发现率并随之促进经济增长。Abis 和 Veldkamp（2021）[①] 在相似的思路下，构建了一个知识经济的生产模型。在该模型中，生产知识的技术被分为人工智能技术与传统技术，其生产函数分别为 $K_{it}^{AI}=A_t^{AI}a_i^{AI}D_{it}^a L_{it}^{1-a}$、$K_{it}^{OT}=A_{it}^{OT}a_i^{OT}D_{it}^{\gamma} l_{it}^{1-\gamma}$。$K_{it}^{AI}$ 与 K_{it}^{OT} 是在人工智能技术和传统技术下生产出来的知识体量，L_{it} 是在具备机器学习技能的数据分析师上的劳动力投入，l_{it} 则是在使用传统分析技术的数据分析师上的劳动力投入。模型的关键在于结构化的数据（Structured Data）量 D_{it}，它是原始数据（Raw Data）经过清洗、结构化和储存等一系列加工处理后的结果，并可以同时用于两类的知识生产过程，从而促进各种类型的创新效率。

Jones 和 Tonetti（2020）[②] 指出数据要素可以用于提升想法（idea）或知识的质量（即 $A_i = D_i^{\eta}\eta$，其中，$\in$（0，1），并以此为基础构建了一个经济增长模型。首先，每一种类产品的生产，取决于想法的质量和劳动力的数量：

$$Y_i=A_i L_i$$

假设经济中共有 N 种产品（或者理解为 N 家企业），每种产品的消费以固定替代弹性（CES）的方式相结合，产生总效用或总产出 Y，在对称性的假设下，Y 将服从：

$$Y=N^{\frac{\sigma}{\sigma-1}}Y_i$$

进一步地，模型还假设数据要素是经济活动的副产品，同时具有非

---

① Abis S., Veldkamp L., The Changing Economics of Knowledge Production, *SSRN Working Paper*, No. 3570130, 2021.

② Jones C.I., Tonetti C., Nonrivalry and the Economics of Data, *American Economics Review*, Vol. 110, No. 9, 2020.

竞争性。前者意味着无论何时，只要消费一种产品，都会随之生成一段数据；后者则意味着企业可以使用自身的数据，以及其他企业的数据来促进本企业的生产。均衡解的结果显示，人均收入从两个方面受到影响：一个是传统的产品种类的扩张效应，另一个则是数据要素的促进作用。具体来说，每家企业都可以向业内其他企业学习：特斯拉在从自己用户的数据中学习的同时，也从 Uber 和 Waymo 的用户数据中学习。在这种情况下，还有一个额外的规模效应：数字经济中的企业越多，创造的数据就越多，因此特斯拉能够学习的越多，从而提高了特斯拉的生产率。又因为每家企业都以相似的方式从中受益，因此人均总产出更高，经济增长得到有效的促进。

除了直接影响最终产品的生产，消费者产生的数据还能够用于中间产品部门的研发和知识积累，有效提高创新能力，进而促进长期经济增长 [1]。每位消费者向潜在中间品生产研发中提供的数据量用 $\phi(t)$ 来表示，$N(t)$ 表示 t 时期的知识存量或中间产品种类的数量，$\phi(t)L(t)$ 表示 t 当期所有消费者提供的数据量，$L_R(t)$ 表示研发部门的劳动力数量，则知识的生产过程服从：

$$\dot{N}(t)=f[N(t), \phi(t)L(t), L_R(t)]$$

也就是说，中间产品部门研发中的知识生产量，除了取决于现有知识水平和劳动力的雇佣数量，数据要素的作用至关重要。在该模型中，平衡增长路径下的人均数据增长率为负。数据的使用会给消费者带来隐私保护问题的负效用，随着数据被不断地"漂白"为知识，这些没有负效用的知识会替代未来数据的使用。因此，数据的使用量会经历一个从快速增长到达顶峰之后便开始逐渐下降，直至接近于零的过程。

上述三种模型揭示了数据要素能够通过赋能研发和创新来促进经济增长（Abis & Veldkamp 2021；Jones & Tonetti 2020；Cong et al., 2021）。

---

[1]　Cong L.W., Xie D., Zhang L., Knowledge Accumulation, Privacy, and Growth in a Data Economy, *Management Science*, Vol. 67, No. 10, 2021.

由于生产函数的设定，数据要素仍然符合边际报酬递减规律。尽管数据能够作为技术创新和知识生产的投入要素，丰富了投入与产出品的种类或质量，但数据不能独自维持无限的增长，对于研发和创新本身的支持与鼓励仍有必要。[①]

二、数据要素赋能生产环节

在数字经济时代的企业发展转型中，数据要素作为企业的一种资产，成为了提高生产、决策和管理效率的关键一环。徐翔和赵墨非(2020)[②] 将其定义为企业的"数据资本"，即以现代信息网络和各类型数据库为重要载体，基于信息和通信技术的充分数字化、生产要素化的信息和数据。数据资本促进经济增长的机制主要有两个途径：首先，投资数据要素就像投资传统物质资本和 ICT 资本一样，能够直接助力企业的生产继而促进经济增长。其次，与传统生产要素不同的是，数据要素还可以通过促进企业的生产要素配置间接提升社会生产效率，这一点可以体现在两重创新性特征上。一方面，数据要素能够促进企业生产效率升级和经济结构改善（如实时交通数据能够通过与计算机系统相结合，改进自动驾驶算法，从而推动交通部门的技术进步）；另一方面，数据要素的使用还可以提升其本身的积累效率，即循环促进数据的分析和处理能力，使得同样规模的数据能够形成更多的数据资本。他们也特别指出，仅凭借一份原始的账表，并不能直接作为数据资本进行应用；该账表中的数据只有在经过筛选、清洗、转换、整合以及一定的分析后，才可能成为数据资本并发挥生产要素的作用，这与数据要素需要经过一定的标准化过程方能发挥更大生产效率提升作用的思路基本一致。

[①]　徐翔、厉克奥博、田晓轩：《数据生产要素研究进展》，《经济学动态》2021 年第 4 期。

[②]　徐翔、赵墨非：《数据资本与经济增长路径》，《经济研究》2020 年第 10 期。

李治国和王杰（2021）[①] 考虑到信息技术与传统经济融合，数据要素正引领着生产效率的深刻变革，因此将数据要素引入了代表性制造业企业的生产函数中：

$$Y_i = A_i DT_i^a KL_i^\beta$$

其中，DT 和 KL 分别为数据要素投入和传统要素投入，α 和 β 对应为二者的产出贡献率，根据规模报酬不变假定，$\alpha+\beta=1$，Y_i 表示制造业企业产出，A_i 表示投产转化效率，即全要素生产率，反映其他要素对制造业产出的贡献。数据要素的推广应用推动着其他生产要素的优化升级，最终体现为全要素生产率的改进和产出规模的增加。

除此之外，Müller 等（2018）[②] 利用计量的方法，验证了大数据分析资产（Big Data Analysis，BDA）与企业绩效之间的关系。通过将 2008—2014 年间 814 家企业的 BDA 解决方案的详细信息与 Compustat 数据库中的财务绩效数据相结合，他们发现，对于所有行业，拥有 BDA 资产会使平均生产率提高 4.1%。具体到行业层面，BDA 资产则与企业生产率的大幅提升高度相关：信息技术密集型行业的生产率提高 6.7%，竞争性行业的生产率提高 5.7%。而数据要素参与的企业"数据驱动型决策"（Data-Driven Decision making，DDD）应用的推广，则减少了生产经营决策对管理者的经验直觉依赖，使企业转而基于数据分析的证据来进行决策。Brynjolfsson 等（2011）[③] 利用美国 179 家上市公司的调查数据及公开信息，测度了企业围绕外部和内部数据开展的收集和分析活动的经济规模与现实影响，发现 DDD 模式可以解释 2005—2009

[①]　李治国、王杰：《数字经济发展、数据要素配置与制造业生产率提升》，《经济学家》2021 年第 10 期。

[②]　Müller O., Fay M., VomBrocke J., The Effect of Big Data and Analytics on Firm Performance: An Econometric Analysis Considering Industry Characteristics, *Journal of Management Information Systems*, Vol. 35, No.2, 2018.

[③]　Brynjolfsson E., Hitt L. M., Kim, H. H., Strength in Numbers: How Does Data-driven Decision-making Affect Firm Performance, *SSRN Working Paper*, No. 1819486, 2011.

年间美国企业 5%—6% 左右的产出和生产力增长。McAfee 等（2012）[①]
通过对北美 330 家公共企业管理实践和业绩数据的调查与分析，发现越
多使用数据驱动决策的企业，在财务和运营结果上的表现就越好。具体
来说，在一个行业中使用数据驱动型决策占比最高的三家企业，其平均
生产效率会比其他竞争对手高 5%、利润率则高出 6% 左右。

上述研究表明了数据作为生产要素，能够投入生产过程中并提高产
出。长期而言，数据生产要素无论被认为是一种相对独立的生产要素，
还是资本等传统生产要素的互补或替代要素，在柯布 - 道格拉斯生产函
数规模报酬不变的假定下都满足边际报酬递减的规律。在长期，这一假
定是较为合理的，因为数据规模已经足够大，数据量难以独自维持无限
的增长[②]，规模报酬难以递增[③]。

与之相对的是，在短期，数据生产要素的边际报酬有多种可能性，
因为数据的引入可能引发规模报酬递增。比如，一条独立的消费者网购
数据并不能够带来足够的经济价值，而当大量消费者数据被整合、聚类
并分析，随后提取出相关的消费模式和消费习惯等信息后，就创造出了
远超单条数据简单加总的价值，从而带来规模报酬递增的结果。同时，
数据生产要素具有非竞争性，可以被多家企业同时使用而不造成数量上
的损耗。短期内数据量不够充足，容易保持增长，产生的信息和知识会
越来越多，引起规模报酬递增的效应[④]。此时，数据要素的边际报酬既
可能是递增的，也可能是递减的，还可能更复杂，需要结合数据的稀缺

---

① McAfee A., Brynjolfsson E., Big Data: The Management Revolution, *Harvard Business Review*, Vol. 90, No. 10, 2012.

② Cong L.W., Xie D., Zhang L., Knowledge Accumulation, Privacy, and Growth in a Data Economy, *Management Science*, Vol. 67, No. 10, 2021.

③ Farboodi M., Veldkamp L., A Growth Model of the Data Economy, *National Bureau of Economic Research*, Vol. 67, No. 10, 2021.

④ 徐翔、厉克奥博、田晓轩：《数据生产要素研究进展》，《经济学动态》2021 年第 4 期。

程度和数据的应用场景来具体地讨论。

三、数据要素提高市场匹配

在供应链的最终环节——市场营销中，数据要素能够有效降低搜寻成本、减少信息不对称等问题，极大提升市场的匹配效率。以一个共享经济数字平台上的模型为例，该平台上同时存在着需求函数 $D(\theta) = \int_o^0 \xi f(\xi) d\xi$ 和 $S(\theta) = \int_o^1 (1-\xi) f(\xi) d\xi$，其中 ξ 表示消费者的类型或偏好，偏好 $\xi = 0$ 的用户，拥有物品和接入物品的效用一致。供给函数，市场要达到均衡需要满足 $\alpha S(\theta) = \beta D(\theta)$。而在市场均衡中，$\alpha$ 与 β 至关重要。α 意味着有多大的供给可以快速满足需求，比如叫车平台通过定位、拥堵、乘车路线等一系列当下和历史数据去调度司机，从而保证愿意共享汽车的司机可以高效率地接到乘客；类似地，β 则意味着有多大的需求可以快速地消化供给。因此，α、β 与数据，以及基于数据的算法 $\phi(d)$ 密切相关。

此外，在包括数字经济时代在内的任何一个时期，个体和企业在竞争激烈的环境中生存，有赖于在正确的时间掌握正确的信息。首先，企业能够利用大数据创造更复杂、更完整的客户形象，从而有针对性地提供更准确的定制产品和服务。在 Farboodi 和 Veldkamp（2021）[1] 创建的模型中，企业的产出除了取决于自身的资本存量，还取决于产品的质量（$y_{it} = A_{i,t} K_{i,t}^a$）。而数据要素的作用，是帮助企业提高预测精度。也就是说，产品的质量取决于企业选择的生产技术与最优技术之间的差距，而数据可以用于预测更优的生产技术，从而缩小这一差距：

$$A(\Omega) \bar{A} - \Omega^{-1} - \sigma_a^2$$

其中，Ω 看作是企业积累数据的数量，是决定最优技术的不可预

---

① Farboodi M., Veldkamp L., A Growth Model of the Data Economy, *NBER Working Paper*, No.28427, 2021.

测的随机冲击项的方差。举例来说，对于这种作用的一个解释是，数据能够让企业知道是蓝色还是紫色的鞋子，或者汽油动力还是电动的汽车在消费者处的价值更高，从而使得企业进行相应的生产。

其次，在金融市场中，股票等金融产品的价格，是投资者们进行决策时的重要依据，而对于数据要素的充分利用，使得价格中的"信息含量"（即股票价格在多大程度上反映出企业的实际运营信息）更高，从而降低了交易中信息摩擦现象的影响，并相应提高了投资效率。Zhu (2019)[①] 通过实证研究表明，对更广泛的数据要素的使用能够约束经理人的投资行为。具体来说，计算机技术的进步使科技公司能够收集实时、精确的基本面指标，并将其出售给专业投资人士。这些数据通过降低信息获取成本而提高了价格信息含量，这对经理人产生了两个主要影响，一方面，当价格更迅速、更全面地反映未来收益时，经理人就很难有机会利用其内部优势信息获取个人交易收益，从而减少了其投机主义的交易行为；另一方面，替代数据可能揭示了企业当前业务的衰退趋势或未来增长机会的信息，指导经理人在状况恶化时减少投资，在机会扩大时增加投资，从而提高了投资效率。

在传统的银行体系中，银行进行贷款决策并负责信用信息的收集和评估。而随着 ICT 技术的不断突破和数据要素更高效的利用，基于大数据的金融科技（FinTech）已经成为贷款行业中的一个颠覆性驱动力，企业收集、呈现和评估信息的手段变得更加先进和丰富，信用信息的检索成本大大降低，信用数据的收集也从被动的信息检索转变为主动的信息收集。

上述研究表明，数据要素能够充当市场的"润滑剂"，减少信息不对称和摩擦，从而提高市场的匹配效率。在这种机制下，数据要素符合边际报酬递减规律，因为这一机制存在自然的界限——数据在理想情况

---

① Zhu C., Big Data as a Governance Mechanism, *The Review of Financial Studies*, Vol. 32, No.5, 2019.

下也至多能使市场达到完全匹配。当数据不断丰富的时候，数据的边际效应往往会呈现递减的规律。尽管数据要素遵循边际报酬递减规律，但由于数据要素润滑剂的作用使整个生产方程产生规模报酬递增效应。

四、数据要素对经济的总体贡献

在研究经济增长时，最具代表性的指标就是国内生产总值。它衡量的是经济中生产的所有最终产品的货币价值，反映一个国家或地区在一定时期内的经济状况。然而在许多情况下，数据要素的价值却没有在其中得到充分体现，原因在于 GDP 的测算是基于人们为商品和服务支付的费用，而数字经济中普遍存在的以数据要素为主要形式的零价商品在统计上将不会对 GDP 产生贡献。例如，用户通过授权自己的个人数据来交换搜索引擎、社交网络以及数字地图等服务，而这些服务都是完全"免费"的。这些零价商品所带来的消费者剩余的价值，将从一定程度上反映出数据要素的贡献。

本研究同样使用成本法的测算方法，对中国 2012—2019 年间的数据要素规模进行估计。该研究在加拿大统计局的信息价值链① 理论基础上，将数据要素分为"原始及结构化数据"（数字化的事实和行为，以及经过处理后可以直接用于分析的数据）和"数据载体"（数据储存、处理和展示的各类数据库、软件、系统以及虚拟平台）两大部分。对于第一部分"原始及结构化数据"，通过利用各行业的就业人员工资总额，也即劳动力成本，并设定一个适当的数据要素生产时间占总工作时间的占比，计算出原始和结构化数据的生产成本，并以此作为其投资价值的估计。对于第二部分"数据载体"，《中国国民经济核算体系（2016）》的说明，直接选取适当行业中的固定资产投资总额数据进行估计。加总各个行业的计算结果，即得到各地区在各年度的数据要素投资规模。随

---

① 　信息价值链，包括观察、数据、数据库和数据科学四个环节。

后按照资本积累的一般逻辑，并结合数据要素在短期内不存在折旧的零折旧假设，使用永续盘存法计算出各年度的数据要素存量。最后，在改良的柯布－道格拉斯经济增长函数的框架下，估计出数据要素对于经济增长的贡献程度。

根据估算结果，中国数据要素投资规模正在逐年增加，2019 年达到 2.23 万亿元，较 2012 年的 9200 亿元扩大 1.42 倍，年平均增速达 13.46%。在样本覆盖的八年间，中国数据要素投资增速始终高于实际 GDP 增速，并在 2018 年高于实际固定资产投资增速。2019 年全国数据要素投资占 2019 年国内生产总值的 2.26%，当年非农户固定资产投资的 2.92%。2012—2017 年的六年间，中国数据要素投入的平均产出份额为 15.27%，实物资本、劳动力和数据要素对经济增长的总贡献分别为 51.37%、4.89% 和 17.75%。然而值得注意的是，逐年回归的分析结果显示数据要素对经济的促进作用以及上升趋势并不显著，这说明数据要素由于没有得到充分流通，其巨大的价值潜能还没有得到最有效的发挥，因此建立数据要素的交易流通机制和市场就显得尤为关键。

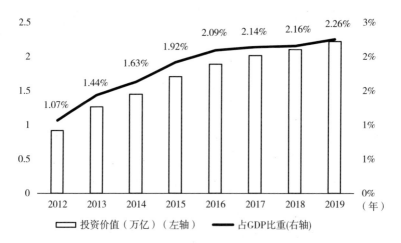

图 8–2　2012—2019 年中国数据要素投资规模（2019 年价）及占当年 GDP 比重

注：数据源自徐翔等（2022），经笔者整理

第二节　数据要素的社会贡献

自生产要素由"市场评价贡献、按贡献决定报酬"提出以来，学者基于不同视角围绕生产要素贡献问题展开研究，特别是数据作为新型生产要素，引起了学界前所未有的关注。探寻数据作为生产要素在社会生产中的贡献，明确其贡献属性以及贡献内容，对于挖掘数据要素潜在价值，探索合理有序分配方式，进而充分发挥数据要素作用，具有重要意义。

一、数据要素社会影响渠道

数据作为生产要素在社会生产中的贡献。从企业视角出发，部分学者认为数据作为生产要素的贡献内容是使用价值即财富。根据马克思劳动价值论，活劳动是价值创造的唯一源泉，"生产资料这种物的因素只转移自己的价值而不创造价值，劳动力这种人的因素则会在投入到生产资料的过程中不断创造出新价值"。为此，一部分学者从财富倍增等角度进行了研究。一部分学者从更利于实现规模经济、降低交易、管理成本等角度出发，认为数据要素通过促进技术进步和优化资源配置提升了全要素生产率（TFP），从而提高了产出。一部分学者从数据视角所带来的社会分工和分工机制的变革来研究物质财富增长的源泉，如数据通过强化处理信息、积累知识、配置资源等综合能力，满足市场的个性化需求，从而带来精神或物质财富的增长。

综上可知，数据作为生产要素对社会生产产生了巨大影响，但以上视角仅从企业维度展开，研究数据的使用价值，那么数据的所有权及其创造的财富，在此逻辑下极易完全归企业所有，从而忽视或降低数据原始提供者和数字劳动者的贡献。

　　从数字劳动者的价值贡献主体出发，数据通过主体影响社会传导机制。少数学者认为数据与其他要素一起为经济社会创造价值。但根据马克思劳动价值论观点，劳动力以外的其他生产要素在社会生产中的价值贡献，不是价值创造的贡献，而是价值形成、价值实现的贡献。为此，学者从数据价值链、数据赋能其他要素进入生产环节等数据生产要素直接创造价值的观点出发进行了研究。数据生产要素直接创造价值的观点实质与"三位一体"公式（即资本创造利润、土地产生地租、劳动取得工资）一致。一些学者从数据价值链的思路出发，考察数据价值链在研发、生产、营销、售后等环节的价值创造机制，研究了数据直接贡献的机制；认为数据要素的价值赋能于供应链环节中决策的价值，即数据要素通过其他生产要素作用于全要素生产率，通过数据产品和服务实现价值。由于 TFP 的提高，从而使用价值量增加，与传统生产相比实现更多价值，同时通过缩短生产和流通时间、降低成本，因而在相同成本下创造和实现更多价值。除了数据本身影响社会生产价值创造外，大量学者的研究表明数字劳动者的贡献起到了重要作用。一些学者从数字劳动参与生产环节，强化数据转化为知识实现等方面，在此基础上，进一步分析数据作为数据产品中的数字劳动。其中政治经济学中也有观点认为原始数据不具有任何使用价值因而也不具有价值，是数据劳动者使之发挥出价值，从而使数据商品成功得以生产。

二、数据要素社会外部影响

　　在理清数据价值影响社会的产生渠道后，我们进一步分析数据要素的社会正外部性。1. 企业通过数据产品创新提高人民生活水平。如企业在大数据产业领域大有可为。在推进数据流通交易方面，企业可以利用 API 数据接口、数据沙箱、数据空间等模式搭建数据流通服务平台，促进数据流通共享；在强化数据服务能力方面，围绕数据生成、采集、存储、加工、分析、服务、安全等关键环节，企业可以重点提升产品异构数据兼容性、大规模数据采集和加工效率，布局高性能存算系统、边缘计算系统等产品，推动数据管理、大数据分析与治理等系统研发和应用，同时提供一站式、全链条、高质量数据服务；在加强数据安全保障方面，企业可以开展隐私计算、数据脱敏、密码等数据安全技术和产品研发，提升数据安全产品供给能力。企业从全数据产业链条提高了消费者的使用体验。2. 规模经济，提高消费者剩余发挥其社会正外部性体现作用，如在数据搜集方面，Schafer 和 Sapi（2020）[1] 发现，雅虎通过搜集使用雅虎搜索引擎的用户数据，显著地提升了搜索引擎的质量，从而吸引了更多用户使用。此外，在生产领域，作为一种生产要素，可能呈现出规模报酬递增的性质。数据规模的增加、种类丰富度的提升可以让数据要素的规模报酬不断提升（Veldkamp 和 Chung，2019[2]；Jones 和 Tonetti，2020[3]）。规模报酬递增有时候可以导致很强的网络效应或者网络外部性，平台企业在利益最大化的过程中可能因为聚集了很强的网络效应而提升用户的福利。如以下案例，数据提高了消费者剩余从而产生了社会正外部性。数据要素的经济属性之间是存在一定的逻辑联系的，比如正外部性与规模报酬递增。对于数据要素应该如何加入生产函数或是经济增长模型之中，是当前研究的一个重点，大多数的理论研究认为，数据生产要素主要是通过促进新知识的产出从而影响了经济增长（Agrawl 等，2018[4]）。而这其实只是数据生产要素促进经济增长可能存在多种机制与作用途径，例如在 AK 模型中，数据要素可能通过提高

① Schaefer M., Sapi G., Learning From Data and Network Effects: The Example of Internet Search, *SSRN Working Paper*, No. 3688819, 2020.

② Veldkamp L., Chung C., Data and the Aggregate Economy, *Annual Meeting Plenary*, 2019.

③ Jones C.I., Tonetti C., Nonrivalry and the Economics of Data, *American Economics Review*, Vol.110, No.9, 2020.

④ Agrawal A., McHale J., Oettl A., Finding Needles in Haystacks: Artificial Intelligence and Recombinant Growth, *NBER Working Paper*, No. 24541, 2018.

全社会的生产技术水平（即"A"）进而推动增长，也有可能是作为一种投入品发挥作用，还用可能在熊彼特模型中，通过提高中间产品的质量（创新）发挥作用。

案例：数据的社会正外部性——提高消费者剩余 [1]

以极具代表性的免费社交平台巨头脸书（Facebook）为例，Brynjolfsson 等（2019）采取了大规模线上选择实验的方法来估计零价商品创造的消费者剩余。在该研究案例中，实验询问消费者是愿意继续访问 Facebook 还是放弃一个月的使用权来换取货币补偿，并在 1 美元至 1000 美元的范围间系统地变动该补偿的价格水平。为了使实验问题能够真正对消费者产生相应的影响，他们还公布将从每 200 名受访者中随机挑选 1 名来实现其选择（若经核实当月没有使用 Facebook，该消费者在月底会获得相应的现金补偿）。

实验结果显示，约有 20% 的用户愿意在每月 1 美元的水平上停止使用 Facebook，而约有 20% 的用户拒绝在 1000 美元以下的水平上停止使用 Facebook。总体而言，实验中的 Facebook 用户样本愿意接受的单月补偿金额中位数为 48 美元。Brynjolfsson 和 Collis（2019）在上述结果的基础上，估计出自 2004 年 Facebook 成立至 2017 年，美国消费者已经从中获取了 2310 亿美元的剩余。并且在 2004—2017 年间，即使仅将 Facebook 这一种数字商品的消费者剩余价值纳入 GDP 中，都会使美国的 GDP 增长平均每年增加 0.11%，而相比之下，在

---

[1] Brynjolfsson E., Collis A., Eggers F., Using Massive Online Choice Experiments to Measure Changes in Well-being, *Proceedings of the National Academy of Sciences*, Vol.116, No.15, 2019.

此期间美国 GDP 平均每年的增幅也仅为 1.83%。

数据要素提高规模经济社会正外部性之外，也会产生负外部性。规模报酬递增也说明数据聚集在一起才能产生更强的生产力，虽然这会在一定程度上导致数据垄断。不可忽视的，数据也可以通过规模经济发挥其社会负外部性体现作用。数据要素的非竞争性、正外部性都促使数据进一步产生规模报酬递增的性质。在企业层面，这意味着数据规模的扩大会带来可观的经济效益。进而使得企业有动力扩大生产规模，从而导致垄断。Autor 等（2020）[①] 认为，在 ICT 技术和包括数据在内的无形资本上的竞争优势催生了超级明星公司（Superstar Firms），这些公司具有高附加值和低劳动力份额的特点，造成产品市场集中度的显著上升，以及宏观意义上劳动收入份额的下降。Tambe 等（2020）[②] 提出了"数字资本"的概念，用于指代数字技术密集型企业对实现新技术价值所投入的无形资产。研究发现，在大多数"超级明星公司"中积聚了大量数字资本，进而导致了一定程度的垄断。曾雄（2017）认为，大规模、多种类的数据集中有助于提高生产效率和实现产品创新，但也可能给控制数据的企业明显的竞争优势。不过，收集和控制大量数据的行为本身不违法，利用大数据提高市场进入壁垒或滥用市场支配地位排除、限制竞争属于违法。虽然数据具有非对抗性，但不排除拥有大数据及技术的平台企业拥有市场支配地位，无法排除其实施如搭售、歧视供应、拒绝交易、独家交易等滥用行为的可能。在大数据技术、算法以及人工智能普遍应用的情况下，数字化卡特尔也成为可能，那么进一步也可能出

---

① Autor D. et al., The Fall of the Labor Share and the Rise of Superstar Firms, *Quarterly Journal of Economics*, Vol. 135, No.2, 2020.

② Tambe P. et al., Digital Capital and Superstar firms, *NBER Working Paper*, No.28285, 2020.

现对社会总体福利的损害。

三、数据要素价值倍增机制路径分析

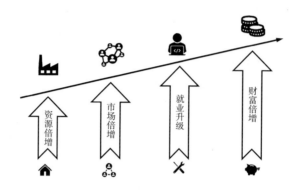

图 8-3　数据要素价值倍增机制路径图

注：整理自 2021 年数字经济峰会。

正如前文所提到的，数据作为一种虚拟资源，是现实世界的一种映射。这在一定程度上可以被看作是传统资源或者物理资源的孪生，这种孪生在数据质量足够好、范围足够全面时，实现的自然就是资源的倍增。然而考虑到当前技术的成熟和应用程度，这样的倍增机制更多以另一种形式出现，也即数据要素通过与现实要素相结合，极大提升社会资源的利用和生产效率，从而实现资源的使用效率倍增。以智慧交通中的"绿波车速"智能引导应用为例，在传统的道路交通运行模式中，城市交通信号灯由于配置不合理，常常无法根据目前的路况做出准确的动态调整，使得部分路口在固定时间常年处于拥堵状态。此时数据要素的引入，通过与人工智能、移动互联等技术相结合，使车辆在驶向信号灯控制的交叉路口时，能够收到根据交通流量数据计算和分析后的结果，给驾驶员一个合适的建议车速区间，进而使得车辆能够方便、顺畅地通过信号路口。在数据要素引领的这种新型交通管理模式下，车流量在各个路段间得到了更合理的分配，从而减少了道路拥堵，减小了公路资源的承运压力。换句话来说，道路资源在以往拥堵的时段，能够在数据要素的助力下支持更多车流的通过，在效率上相当于开辟了一条新路，这便是数据要素在现实中实现资源倍增的典型机理。

有了资源的倍增，自然就有市场的倍增。首先是资源市场的倍增，随着 ICT 技术的不断发展和数据挖掘手段的不断丰富，各种类、大规模的数据正在以前所未有的速度产生、采集和存储。这些形态上并不稳定、组织上相对无序的数据资源的快速膨胀，使得数据资源市场在客观上得到了巨大扩张，产生了大量将其标准化或利用其进行数据服务的需求。与此相对应地，为了适应更高效、更高流动性并更合规地利用数据资源的需求，由数据资源经过充分标准化、市场化增殖过程后的数据要素市场，也将迅速建立、完善并得到扩张。其次，由于数据要素能够与资本（尤其是 ICT 资本）和劳动力要素充分高效结合，因此数据要素市场的建立完善也必将带动其他要素市场的需求扩张，从而在宏观上表现出整个要素市场的倍增效应。最后，在数据要素充分流动的前提下，利用数据要素所提供的数据产品或服务规模将得到极大幅度的提升，从而使产品服务市场也得到倍增。在此基础上，由于数据要素具有非竞争性，因此在有序有效监管下，这一倍增机制将得到进一步的强化。

有了市场的倍增，社会分工就会进一步细化，进而带动劳动力的就业升级。具体来说，数据要素驱动的智能化生产作为产业变革和产业创新的主要方式，为劳动力就业带来了众多挑战，也为实现更高质量的就业提供了契机（王文，2020）[①]。而实现这一契机的机制主要有以下三个（Acemoglu 和 Restrepo，2019）[②]：第一，以数据为关键

[①]　王文：《数字经济时代下工业智能化促进了高质量就业吗》，《经济学家》2020 年第 4 期。

[②]　Acemoglu D., Restrepo P., Artificial Intelligence, Automation, and Work, *The Economics of Artificial Intelligence: An Agenda*, University of Chicago Press.

投入要素、成本更低的机器替代人类劳动力的现象会创造出生产率效应——随着被自动化的任务的成本降低，经济将会扩展和增加在非自动化任务上的劳动力需求。第二，数据要素使用的扩张将增加对配套物质资本的需求，由此引致的资本积累，也会提高经济对劳动力的需求。第三，数据要素的普及将会创造出大量全新的职位。一方面，数据要素驱动的智能化技术的维护和发展本身就会产生编程技术、数据分析、传感技术以及相关的研发设计等知识技能密集型任务；另一方面，大数据、人工智能、移动互联网、云计算、物联网、区块链等新理论新技术将会催生一大批新业态和新模式，促进互联网金融、电子商务、新媒体和智慧物流等领域的新增就业[1]。

在资源倍增、市场倍增和就业升级之上，数据要素的应用还产生了规模报酬递增的效应，从而有效增进了产出、消费和福利，实现整个社会的财富倍增效应。对于竞争性的实物资本来说，每家企业都必须有自己的办公楼，每名职员都需要自己的办公桌和电脑，每个仓库也都需要自己的叉车。数据要素在这一特征上与之相反，同一套数据可以被任意数量的企业或个人同时使用，且不会减少其他人可用的数据量。也就是说，一旦数据要素能够通过一定程度的标准化，进而有效、合规地在市场中进行流通，那么数字经济中的每一个相关单元就都有可能同时使用整个行业的数据资本存量，从而创造出加倍的社会经济财富。

综上所述，数据要素市场化，一方面有利于发挥和准确衡量数据要素的经济社会贡献，同时也能促进合理的数据要素分配制度的形成。但目前为止，还不具备对数据链条终端市场化的条件，未来数据要素如何市场化将是数据发挥其社会和经济贡献的重要途径。

---

[1]　王文：《数字经济时代下工业智能化促进了高质量就业吗》，《经济学家》2020年第4期。

第三节　实现共同富裕的数据要素收入分配机制

随着信息技术深入发展和深度应用，数据已经成为生产经营活动必不可少的新生产要素。如何促进数据要素有效参与价值创造和分配，是信息时代面临的一项重要课题。以下将从效率与公平的悖论出发，阐述数据能够提高效率兼顾公平，从而实现共同富裕的要素特质，并且提出数据戴森球模型框架，解释数据为何是未来数字世界的石油，最终提出以共同富裕为目的的数据要素收入分配机制。

一、数据戴森球模型框架下，共同富裕路径分析

关于效率与公平的悖论，是经济学界以及各国政府关注的重要问题。考虑效率难免以损失公平的利益为代价，兼顾公平则往往市场的配置并未使个体达到帕累托最优状态。那么数据要素作为数字时代新型生产要素，其本质是否有利于共同富裕，这是值得被讨论的问题。

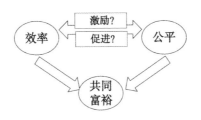

图 8-4　数据要素与共同富裕的关系

一方面，从数据的效率方面考虑，技术进步从整体上促进经济快速增长和社会发展。但在收入分配方面，有更多证据表明，技术进步常常伴随着收入分配和财富差距的扩大。比如，英国在第一次工业革命时期，由于先进技术并没有被普遍分享，从而加剧了人们的收入分配差

距。此外，技术进步与"垄断势力"的形成是相伴相生的，技术创新在经济上的成功并不能直接缩小收入分配差距，反而很大程度上会加大收入分配差距。比如政府为鼓励创新设立了专利保护制度，专利保护制度同时又会保护垄断阻碍竞争，为了平衡创新与垄断之间的关系，在专利保护制度中加入了保护期限条款，但这仍然保护了技术所有者对技术的垄断和由此产生的产品市场垄断。另一方面，从数据和公平方面考虑，数据作为生产要素的不平等使用和占有。数据的生产需要商业生态利益相关者共同参与才能完成，而目前由于数据产权模糊，大型平台企业凭借技术优势无偿或低成本使用数据要素，此时利益相关者中其他参与者利益则受到损害。数据产权不明晰也会影响数据价格确定、数据要素市场分配机制，进而导致利益相关者在要素报酬分配过程受阻产生分配不公平等问题。此外，由于数据要素具有规模报酬递增的特性。数据资源一旦形成，其边际使用成本几乎为零，这决定了数字经济众多行业具有自然垄断的属性，从企业角度出发进一步损害市场公平。

综上分析，无论是效率还是公平，都是由于数据易于形成垄断势力从而损害效率与公平，那么数据是否因其规模报酬递增的特质而不利于共同富裕呢？答案是否定的。除了数据拥有技术资源优势以外，数据更本质特性应从数据产生来源分析，本质上每个个体（主体／客体）都能产生数据，拥有数据的所有权，因此只要确保数据产权明晰，配套监管、分配制度完善的情况下，从数据来源于公众，用益于公众的角度出发，发挥数据要素的合理收入分配，就能够打破效率与公平的悖论局面，同时为共同富裕提供了一条新路径。因此，本书提出数据戴森球模型构想，来解释数据为何能作为数字时代的"石油"，兼顾效率与公平，成为重要的生产要素。

技术的进步使生产力得到大幅提升，生产方式也逐渐从工业时代信息社会到数字时代智能社会的转变。工业时代信息的闭塞，传统生产要素局限在同一维度，如工业的生产场景模型只能适用于工业，无法提炼通性技术扩大应用场景，甚至跨行业应用。抽象地看，工业时代生产场景具有平面特征，生产边界明显。相比之下，数字时代的到来，一方面数据的有效利用打破了不同场景、行业的壁垒，激发供应链条动态感知的活力，提高了生产效率；另一方面多种多样数据原始数据以及衍生产品也大幅减少了不同利益方之间信息的不对称，使得供需方的匹配更加透明，要素报酬的分配也更加公平，配置方式发生了颠覆式变革。因而说数据是数字时代的"石油"，是因为通过数据的赋能，使得工业时代局限在平面（单场景、单行业）中的要素，从图 8-5 由土地（N）劳动力（L）资本（K）和技术（T）组成的坐标平面图，不断扩大其影响边界，实现不同场景、不同行业要素互相利用，最终呈现为一个的透明（信息完全）球体。在该球体中，数据居于球心，传统生产要素位于球面，且由于每个个体（主体 / 客体）既是数据的生产者也是数据的使用者，因此在数据可获得性上具有原则上的公平特征，正如每一条球心到球面的距离都是等距的。此时数据发挥其价值的机理类似于戴森球模型，本书基于戴森球模型提出数据戴森球模型框架。

　　传统戴森球模型由弗里曼·戴森提出，详见图 8-5，该球体是通过建造包裹恒星人造天体，利用恒星做动力源的天然的核聚变反应堆来开采恒星能源。该球体由环绕太阳的卫星构成，完全包围恒星并且获得其绝大多数或全部的能量输出。

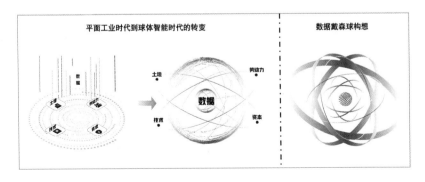

图 8-5　数据戴森球模型构想

本书认为数据作为大数据时代重要生产要素，即为数据戴森球模型的"恒星"；传统四种要素通过数据在不同环节、行业的赋能，源源不断吸收数据的"能量"，即为数据戴森球模型的"卫星"。数据要素结合传统生产要素使市场主体（企业/消费者）福利水平在效率和公平两个维度下得到可持续的提高，完成数据化时代的空间折叠，实现从"地球村"到"地球家"的转变。

二、构建共同富裕框架下数据要素收入分配机制

正如上节所述，数据具有推动效率兼顾公平的本质特征，因此亟需构建合理的数据要素收益分配制度，来促进数据交易流通，推动数据要素合理配置，激发数据市场活力，是经济高质量发展，实现共同富裕的重要环节。因此，本书对数据要素收益分配制度的建立和完善进行了设计。总体来说，数据要素收益分配要兼顾效率和公平，既要遵循基本的要素市场分配原则，也要基于数据要素的特征更加合理分配。数据要素收益分配的基本制度可以划分为三个层面：一次分配、二次分配以及三次分配。其中一次分配为主，二次分配和三次分配为辅。

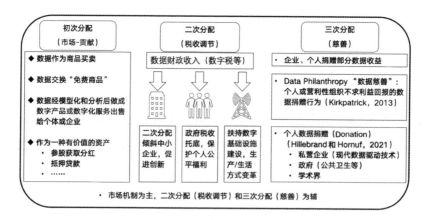

图 8-6　数据要素三次分配构想

首先，数据要素遵循以市场化为主的一次分配原则，按照国家分配制度通过市场机制按贡献参与国民收入的一次分配。党的十九届四中全会中提出"健全劳动、资本、土地、知识、技术、管理、数据等生产要素由市场评价贡献、按贡献决定报酬的机制"，为生产要素市场的改革指明了方向。因此，在一次分配中数据应该作为生产要素按贡献参与分配，促进数据要素合理配置，保证数字经济的活力。

其次，应构建以数据税为基础的二次分配原则，通过税费、转移支付、完善基本公共服务等手段调节数据要素的收益分配。由于数据要素存在规模报酬递增属性，企业拥有一定规模数据后，其生产活动所带来的价值增值是巨大的，但对于贡献了数据的单个个体并未享受到该部分价值（正如前文所述同意平台使用数据合同后的用户，并未获得数据再流转所产生的收益），因此需要对这部分增值的价值征收数据税。

图 8-7　数字经济中数据税费治理

本书认为，数据要素二次分配可以尝试"数据收集费 + 数据增值税"（License + Royalty）的数字税费模式（如图 8-7 所示）。具体来说，数字税费包括数据收集费以及数据增值税两部分。数据收集费，即授权许可证（License-L）是指在企业获得用户授权的阶段，根据用户授权数量收取一定费用，这部分费用主要用于防止企业恶意收集数据，提高收集门槛，总体上补偿用户提供数据原材料的福利损失。数据增值税是对平台企业通过数据生产资料获得的增值总额所收取的税收（Royalty-R），具体参考其年收入中数据收益的增值数据，这部分税收收入主要用于社会再分配中提高普通民众福利，促进中小微企业进行创新。一方面，使全民共享数字经济发展成果，另一方面提高中小微企业的创新能力，且能倒逼大企业进入更高端创新阶段，进一步提高整体市场效率水平。

最后，应积极引导大型平台企业以及微观个体等相关主体参与社会捐赠，提升三次分配规模。首先，企业社会责任在数字经济时代变得更为重要。享受了数据要素带来的大量价值增值的大型数字平台企业，应当承担企业社会责任，积极反哺社会。三次分配应重视落后地区建设或者弱势群体需求，从而缩小数字鸿沟，促进社会公平、共同富裕，让数据要素更好地造福整个社会的发展。其次，在保证微观主体数据敏感信息得到保护的前提下，也应该鼓励微观主体积极贡献个人数据，方便包括但不限于科研机构通过大数据提高科研水平等场景，比如医疗系统病例信息的共享，助力医疗科研机构研究创新等。

综上所述，基于数据要素、数据资源、数据产品实现市场化，有利于形成新市场、新分工、新模式、新财富，把个体所拥有的无价值的数据要素利用起来，同时完善数据收入分配制度，把数据发挥价值所带来的红利充分再还给个体，从而增加实现共同富裕的新环节、新方式、新路径。

第九章　数据国际化与全球治理

数字技术与数字经济缩短了地理距离，数字时代是全球化的时代，也是全球经济和人类文明发展的新机遇。本章将视野拓展至全球，探讨我国如何参与未来的数据全球治理、共建数字文明新时代。

第一节　中国参与数据国际化竞争和治理的畅想

中国要更加积极地参与国际数据要素治理，需要从形成系统化、标准化的数据治理"中国方案"，促进中国数字产品的平台出海和生态出海，推动构建数字人类命运共同体这三个方面协调同步发力。

一、形成系统化、标准化的数据治理"中国方案"

参与国际数据要素治理的必要前提是形成数据治理的"中国方案"，该方案由国内数据治理体系和国际数据跨境流通方案两部分组成，整体具有系统化和标准化两大特点。在构建国内数据治理体系中，系统化体现为技术、市场、制度"三位一体"的数据治理体系，以技术为底座，市场为支撑，制度为保障，三者非独立作用，而是通过一体化协调发展，保障数据要素的高效流通；标准化体现为标准化的数据要素产品，例如数据元件等，贯穿"三位一体"的数据要素体系起到重要作用。具体而言，在技术底座中，为保证数据安全，需要构建一个底层运行支撑，通过标准化数据元件构建数据金库是其中可行的解决方案；在技术底座之上，健全数据要素市场，比如培育数据资源—数据元件—数据产品的三级市场，实现数据要素的流通；由技术和市场决定制度安排，数据要素确权、授权的制度安排又反过来保障数据要素体系的完善，通过分级分类的授权体系、分级分类的市场监管体系，明确数据要素市场各参与方的权利和义务，促进数据要素的充分流通和汇聚，同时控制规避相关风险。

国际数据跨境流通方案的制定同样需要体现"系统化"与"标准化"。目前中国的数据跨境治理理念是在保障数据安全的情况下，兼顾数据跨境流通的需要。在此基础上，中国需要进一步构建系统化的规则体系：在保障本国数据出境安全的情况下，促进数据跨境流通，探索安全、有序、多元的数据跨境流通治理模式；同时考虑以标准化数据产品的形式完善数据跨境流通的实践。第一，在"三位一体"支撑体系的框架下，数据安全技术和数据交易市场决定了实施分级分类的数据跨境流通方案，具体而言，在数据分级分类基础上，规定数据类别越高、级别越高，数据跨境的监管措施越严。其中，针对高敏感数据，禁止数据跨境；针对敏感数据，采取许可经营制或备案制等机制；针对较敏感或不敏感数据，采取自主经营原则，进行数据脱敏并促进流通，相关主体接受监管。此外，结合数据跨境流通的不同方式（比如在岸数据流通、离岸数据流通、涉外数据流通），对数据的类型和级别进行甄别，完善数据跨境流通的制度体系。第二，在数据跨境流通的实践中，加强标准化数据产品的运用，可以有效保障数据流通安全，使得各行业各地区的数据跨境流通可以有的放矢地开展。

二、促进中国数字产品的平台出海和生态出海

我国数字经济发展已经处于国际领先地位，在互联网、人工智能产业等领域具有全球竞争力。随着新一轮科技革命、产业变革以及逆全球

化国际形势发展，全球的数字经济格局也逐渐从"美国一极"向"中美两极"演进。我国一批数字企业进军海外，形成数字经济的中国影响力。在数据治理方面，一批互联网平台企业已经积极探索数据安全管理、数据挖掘等能力体系建设，推动建立行业标准。但目前中国企业在全球数据治理和数字经济参与方面仍面临挑战。一方面随着中国科技实力的逐渐追赶，以美国为首的西方发达国家对中国数字经济企业进行打压，阻碍中国企业的海外数据合规化，全球各国在数据跨境治理和网络空间安全方面形成大国博弈的局势。另一方面，我国在数字经济的重点关键领域面临"卡脖子"难题，给我国的数字经济出海和全球数据治理带来挑战，需要建立完善"硬、软、云、网"第二生态。

要想建设数据要素全球流通和治理的中国体系，需要依托中国数字产品的全球发展。因此，一方面，要鼓励中国企业参与数据国际合作竞争，推动数据出海，重点推动数字经济领域的龙头企业进行实践探索，起到示范作用。另一方面，要争抢技术高地，突破数字领域关键技术，建设"硬、软、云、网"的中国计算产业生态，促进产业内和产业间的生态协同。中国数字产品的出海目前尚处于单军作战的阶段，未来需转变传统的出口产品思路，从单一相互独立的产品型出口向平台型出口进而向生态型出口的方向转变。形成软件带动硬件，硬件推广软件的整体战略，推动中国"硬、软、云、网"数字体系的平台出海和生态出海。

三、推动构建数字人类命运共同体

中国目前正在积极参与国际数据治理。2020 年 9 月 8 日，中国在"抓住数字机遇，共谋合作发展"国际研讨会上提出《全球数据安全倡议》，建议"各国应以事实为依据全面客观看待数据安全问题，积极维护全球信息技术产品和服务的供应链开放、安全、稳定"，并强调"各国应尊重他国主权、司法管辖权和对数据的安全管理权，未经他国法律允许不得直接向企业或个人调取位于他国的数据"。2020 年 6 月，新加坡、新西兰、智利三国联合签署《数字经济伙伴关系协定》(DEPA)，该协定旨在加强三国间数字贸易合作并建立相关规范的数字贸易协定，核心内容包括电子商务便利化、数据转移自由化、个人信息安全化等。2021 年 4 月，韩国宣布正式加入该协定。2021 年 11 月，中国主动申请加入 DEPA，希望与各成员加强数字经济领域合作、促进创新和可持续发展。DEPA 实行"模块式协议"，将全部内容划分为 16 个模块，涵盖商业和贸易便利化、数字产品的处理及相关问题、数据问题、商业和消费者信任、新兴趋势和技术、创新与数字经济、中小型企业合作和数字包容性等主题，加入国可以选择部分模块签署。这一模式创新兼顾了大国和小国在数据国际治理上的"求同存异"，中国的加入也间接推进了国际数据治理的谈话进程。

　　未来，中国需要进一步参与数据要素全球治理的规则，推动世界数据组织（World Data Organization，WDO）的建立，倡导发展主义，推广"数据球"理念，积极构建数字人类命运共同体。首先，在组织层面，推进制度建设，完善组织机构，形成国际共识。第一，推动在我国自由贸易试验区的跨境数据流动规制压力测试试点，积极联合行业制定成熟的制度和标准，争取在数字领域国际规则和标准制定方面拥有更大的自主权。第二，在数据跨境流通中发挥"中国力量"，依托"一带一路""RCEP"等双边或多边合作框架，加强区域性的数据跨境流通监管的合作，提升全球数据治理中的中国影响力。第三，积极参与全球数据分类分级、跨境流通、可信认证等规则制定，推广中国数据标准化分类分级授权体系，促进全球统一的数据流通标准建立。第四，推动 WDO建立，在全球范围内统一数据统计口径与治理规则，促进全球数据相关的合作和交流，促进全球数据治理体系建立和完善。其次，在理念层面，以 WDO 为依托，形成数字人类命运共同体的核心愿景。数据要素大大缩减了人与人之间的距离，甚至是不同国家、不同种族之间的距离，人类命运在数据时代联系更加紧密，人们作为"数据球"上的每一个节点，相互作用、相互依赖，共同构成数字人类命运共同体。这也是建立 WDO，推动国际数据治理统一规制的初心和使命。

第二节　创建 WDO 的"三步走"建议

中国倡导的全球数据治理战略安排从逐步建立中国数据治理方案开始，到将中国方案向国际推广最终推动形成全球统一数据治理规制。

第一步为探索和倡导阶段。到 2025 年，初步建立国内数据要素市场体系，形成"中国方案"，提出、倡导建立 WDO。一方面初步建立国内数据要素市场体系，形成"中国方案"；另一方面建立中国数据要素跨境的标准与规则，促进数据要素流通，为推广"中国方案"提供必要条件。中国的数据治理方案，由数据要素市场化、数据市场体系、数据要素的分配制度等构成。数据要素市场化，就是要打通数据价值链，将原始数据资源化、数据资源要素化、数据要素产品化。构建数据市场体系，需要完善数据确权、分级授权、定价机制、交易模式等设计，健全数据市场监管。数据要素的分配制度则要在收入分配中保障数据要素创造价值的活力，提升社会整体福利水平。在形成"中国方案"的基础上，进行数据跨境规则的制定，让中国数据治理方案"走出去"。基于《网络安全法》《民法典》《数据安全法》和《个人信息保护法》的基本制度框架，初步确定数据要素跨境的分级分类标准，加速推进数据要素跨境流通的安全、认定、流通等环节的顶层设计和制度建设。提出、倡导建立 WDO，在上海、深圳、海南等区域率先推动数据要素跨境流动和治理的试点探索，推进自贸区、自贸港积极与欧盟、俄罗斯、日本、新加坡以及"一带一路"沿线国家开展探索性合作。促进各产业界和学术界协同创新，鼓励各行业根据行业特点制定相关标准、指南，推出行业特色解决方案。大力支持数字经济龙头企业进行平台出海和生态出海，为推行中国方案奠定影响力。

第二步为建立和推广阶段。到 2035 年，初步搭建 WDO 的框架，开放吸纳成员国加入，完善共同治理机制。基本建立数据要素跨境流通的治理框架，包括分级分类、元件管理、评估、安全、交易等各方面，拓展参与数据跨境实践的主体范围，推行至政府、产业、社会等各领域，促进共同参与。WDO开放吸纳成员国加入，促进多边共治机制的形成，先依托"一带一路""RCEP""DEPA"等多边和双边伙伴协定，以主要贸易伙伴和战略合作对象为核心，从重点优势行业切入，初步建立数据要素跨境的"朋友圈"，共同推进数据治理的国际标准和规则落地，促进数字经济在全球范围的健康发展。

第三步为完善和影响阶段。到2050年，基本建成WDO，多边协商和治理框架基本成熟。WDO不断吸纳新成员国加入，健全、完善多边治理机制，不断拓展在数字经济领域的治理议题，发挥全球影响力，促进全球各国共同构建和平、安全、开放、合作、有序的网络空间命运共同体，迈入数字文明新时代。

责任编辑：鲁　静　彭代琪格

图书在版编目（CIP）数据

数据要素论 / 戎珂，陆志鹏　著 . — 北京：人民出版社，2022.9

ISBN 978 - 7 - 01 - 024928 - 5

I.①数… 　II.①戎…②陆… 　III.①数据管理 - 研究 　IV.① TP274

中国版本图书馆 CIP 数据核字（2022）第 130654 号

数据要素论

SHUJU YAOSULUN

戎　珂　陆志鹏　著

人民出版社 出版发行

（100706　北京市东城区隆福寺街 99 号）

中煤（北京）印务有限公司印刷　新华书店经销

2022 年 9 月第 1 版　2022 年 9 月北京第 1 次印刷

开本：710 毫米 ×1000 毫米 1/16　印张：13.25

字数：183 千字

ISBN 978 - 7 - 01 - 024928 - 5　定价：60.00 元

邮购地址 100706　北京市东城区隆福寺街 99 号

人民东方图书销售中心　电话（010）65250042　65289539